LA INTELIGENCIA ARTIFICIAL EN EL ÁMBITO SANITARIO

ANTONIO SERRANO ACITORES
(*Profesor Titular de Derecho Mercantil en la Universidad Rey Juan Carlos. Abogado*)

LA INTELIGENCIA ARTIFICIAL EN EL ÁMBITO SANITARIO

PROTECCIÓN DE LOS DERECHOS FUNDAMENTALES DE LOS PACIENTES

Obra galardonada con una «Mención Especial» en la I Edición de los «Premios Vicente Gimeno Sendra de trabajos jurídicos sobre Derechos Fundamentales» de la Fundación Mediterráneo, en enero de 2024

tecnos

COLECCIÓN: «TECNOS LEGAL TECH»

Director:
Antonio Serrano Acitores
Profesor Titular de Derecho Mercantil en la Universidad Rey Juan Carlos. Abogado

Diseño de cubierta: Anaí Miguel

1.ª edición, 2024

Valentín Beato, 21 - 28037 Madrid

ISBN: 978-84-309-9115-0
Depósito legal: M-16746-2024

Printed in Spain

ÍNDICE

PRÓLOGOS

Me resulta especialmente grata la oportunidad de prologar, siquiera sea de forma breve, la presente publicación del profesor Antonio Serrano Acitores. Nuestro autor es un joven, pero ya brillante universitario —Profesor Titular de Derecho Mercantil de la Universidad Rey Juan Carlos—, con una prometedora carrera académica. Forma parte, por lo demás, de una saga de ilustres juristas: su abuelo, Don Manuel Serrano Rodríguez, fue un renombrado Catedrático de Derecho Penal de la Universidad de Salamanca; y su padre, Don Antonio Serrano Alberca, miembro del Cuerpo Jurídico del Ejército, es un destacado letrado con más de cuarenta años de ejercicio.

Conocí al profesor Serrano Acitores siendo Rector de la Universidad Rey Juan Carlos. Desde un primer momento atisbé, son las ventajas de la veteranía, la personalidad de una persona singularmente dotada para el estudio, la docencia y la investigación. El perfil propio que define y caracteriza a un universitario con mayúsculas. El paso del tiempo me ha confirmado, sin género de dudas, lo que intuí entonces. Su autor ha atestiguado a día de hoy una asentada y fructífera carrera universitaria, que ha sabido compaginar con una complementaria dedicación a la actividad como abogado, particularmente bien avenida en su disciplina académica, durante unos años. A ambas circunstancias, se añade una tercera faceta, no debidamente valorada, pero que refrenda su implicación, al desempeñar la responsabilidad de Coordinador de Digitalización, Innovación y Comunicación de la Facultad de Ciencias Jurídicas y Políticas.

El ensayo que el lector tiene hoy entre sus manos —*La Inteligencia Artificial en el Ámbito Sanitario: Protección de los Derechos Fundamentales de los Pacientes*— reviste los mejores perfiles de una obra de investigación de verdadera entidad. A saber. Primero: la indubitada relevancia sustantiva de su objeto de su conocimiento, centrado, al menos en parte, en el reconocimiento y la tutela de los derechos fundamentales. Lo que se ha denominado, de forma tradicional, la Parte Dogmática de la Constitución, y sin la cual no existe un auténtico régimen constitucional. Ya lo postulaba, con clarividencia, el artículo 16 de la Declaración Francesa de los Derechos del Hombre y del Ciudadano de 1789: «Toda sociedad en la que no se garantizan los derechos fundamentales, ni se preserva el principio de separación de poderes, carece de Constitución». Segundo: la modernidad y novedad, ambas cualidades paralelamente, sobre la que recae el estudio. Es difícil encontrar un campo más coetáneo y de mayor actualidad que el de la inteligencia artificial. Tercero: su tratamiento multidisciplinar pues, aunque su análisis se construye, *prima facie*, desde la perspectiva del Derecho Mercantil, se presta simultánea observación a otros campos de conocimiento complementarios para poder aprehender una realidad tan proteiforme como compleja. Y cuarto: su autor no se circunscribe a tomar nota de la situación presente, de su regulación normativa, y tutela jurisdiccional, sino que apunta formulaciones críticas, y hasta esgrime pautas de actuación sobre su inmediato devenir.

En suma, nos hallamos ante un excelente trabajo de investigación que ha sido valorado y resaltado con una «Mención Especial». En palabras del Jurado del Premio Vicente Gimeno Sendra, auspiciado por la Fundación Mediterráneo, que no me resisto a dejar de reproducir, estamos ante «... un original que trata un tema de gran relevancia y de repercusión y de utilización en todos los ámbitos de la vida cotidiana, como es la inteligencia artificial, que se ha convertido en un nuevo parámetro de actuación de los seres humanos». Una reflexión centrada en el examen de una ambiciosa pléyade de cuestiones y desafíos varios: la transición de una economía analógica a otra digital, consecuencia de la denominada Cuarta Revolución Industrial, junto a la convergencia de las tecnologías disruptivas y exponenciales; los principales conceptos y definiciones técnicas relacionadas con la inteligencia artificial; su desarrollo jurídico, tanto en el ordenamiento positivo interno español como en el de la Unión Europea, prestando una especial atención a la protección de los derechos fundamentales de los pacientes en el ámbito sanitario; los retos éticos y legales que suscitan tales problemáticas; y la puesta en común de una serie de recomendaciones sobre cómo aunar la aparición de las nuevas tecnologías con la protección de datos, la privacidad y la confidencialidad.

Deseo subrayar, desde tales presupuestos, el cuidadoso examen que se brinda, en primer término, al marco constitucional fijado en la Constitución de 1978, en lo relativo al amparo de la dignidad de la persona humana (art. 10.1), la limitación del uso de la informática y la preservación del honor y la intimidad personal y familiar (art. 18.1 y 4), y la defensa del derecho a la protección de la salud (art. 39). Sin olvidar la jurisprudencia emanada del Tribunal Constitucional desde las primigenias SSTC 94/1998, de 4 de mayo y 292/2000, de 30 de noviembre. Y es que, a la postre, como afirmó clarividentemente Dran, «los derechos valen lo que valen sus garantías». Se trata, por tanto, de desdecir las amenazantes palabras de Stephen Hawking: «El día que la inteligencia artificial se desarrolle por completo podría significar el fin de la raza humana. Funcionará por sí sola y se rediseñará cada vez más rápido. Los seres humanos, limitados por la lenta evolución biológica, no podrán competir con ella y serán superados».

Para detenerse, acto seguido, en su ordenación normativa: la Ley Orgánica 3/2018, de 5 de diciembre, de Protección de Datos Personales y Garantía de los Derechos Digitales, y la Ley 15/2022, de 12 de julio, Integral para la Igualdad de Trato y no Discriminación; sin olvidar, lo mandatado en las Leyes 30/1997, de 27 de octubre, de Extracción y Trasplante de Órganos; 41/2002, de 14 de noviembre, de Autonomía del Paciente; y 14/2007, de 3 de julio, de Investigación Biomédica. Y, aunque de naturaleza no prescriptiva, y dentro de las acciones de la Agenda Española Digital de 2025, la aprobación por el Gobierno de la Nación de la *Carta de Derechos Digitales* de 14 de julio de 2021 y la creación de la Agencia Española de Supervisión de Inteligencia Artificial en 2023. Como la muy minuciosa referencia, asimismo, a su reglamentación en el marco de la Unión Europea:

desde la Carta de los Derechos Fundamentales (art. 8.1) y su Tratado de Funcionamiento (art. 16.1), hasta los Reglamentos 2016/679, de Tratamiento de Datos Personales y Libre Circulación de estos Datos y 2018/1724, de Gobernanza de Datos (DGA); así como sobre los futuros Reglamentos sobre Normas Armonizadoras para el Acceso Justo a los Datos y su Utilización (*Data Act*), y al Espacio Europeo de Datos Sanitarios (EEDS).

Sea como fuere, el formidable envite que tenemos por delante, debe ser capaz, desde la perspectiva jurídica, de brindar respuesta a la satisfacción conjugada de las siguientes intangibles exigencias: el escrupuloso respeto a los derechos fundamentales y a la dignidad de la persona humana en cualquier caso y en toda circunstancia; la ineludible protección de los datos, donde la obtención del previo consentimiento del paciente se presenta como previa e irrenunciable; la indispensable elaboración de planes eficaces de control, de auditorías y de contingencia para los supuestos de robo, pérdida, filtración o reidentificación de datos; y la simultánea incorporación de mecanismos de seudominización e impulso a la interoperabilidad de sistemas.

La jurisprudencia del Tribunal Constitucional, se ha ocupado, de forma recurrente, de la protección de la integridad física del paciente. No existen, obviamente por razones de tiempo, resoluciones aun sobre la incidencia por la implementación de medidas de inteligencia artificial, pero sí se ha acentuado la trascendencia de asegurar el consentimiento informado del paciente a la hora de aceptar o rechazar determinadas medidas terapéuticas (SSTC 120/1990, de 27 de junio; 154/2002, de 18 de julio; y 37/2011, de 28 de marzo). Un derecho que se cercena tanto por las conductas perjudiciales para el organismo, como por aquellas que, pese a estar orientadas a mejorar su salud, supongan una intromisión no consentida (STC 137/1990, de 19 de julio; STS de 12 de enero de 2001; y también STEDH de 29 de abril de 2002, caso *Pretty c. Reino Unido*). Como ha argumentado con razón el Tribunal Constitucional, «es imprescindible que el paciente cuente con la información médica adecuada sobre las medidas terapéuticas, pues solo si dispone de dicha información podrá prestar libremente su consentimiento, eligiendo entre las opciones que se le presenten, o decidir, también con plena libertad, no autorizar los tratamientos o las intervenciones que se le propongan por los facultativos». Para finalizar señalando: «La información previa, que ha dado lugar a lo que se ha venido en llamar consentimiento informado, puede ser considerada, pues, como un procedimiento o mecanismo de garantía para la efectividad del principio de autonomía de la voluntad del paciente y, por tanto, de los preceptos constitucionales que reconocen derechos fundamentales que pueden resultar concernidos por las actuaciones médicas, y, señaladamente, una consecuencia implícita y obligada de la garantía del derecho a la integridad física y moral, alcanzando así una relevancia constitucional que determina que su omisión o defectuosa realización puedan suponer una lesión del propio derecho fundamental» (STC 154/2002, de 18 de julio).

Y concluyo. En un contexto tan rabiosamente actual, y con tan variadas e importantes interrogantes, y por qué no decirlo inquietudes, la presente obra es un ejemplo, además de pionero, de solvencia y compromiso. Demos, pues, nuestra más sincera y justa enhorabuena a su autor.

Pedro González-Trevijano Sánchez
Catedrático de Derecho Constitucional
Expresidente del Tribunal Constitucional
Académico de Número de la Real Academia de Jurisprudencia y Legislación de España

Todo un reto el prologar a Antonio Serrano Acitores, investigador siempre meticulosamente documentado y siempre a la última en cualquier tema que aborda. Sospecho que esta vez lo va a tener más difícil que nunca.

Me refiero a que en la era de la digitalización y más aún de la inteligencia artificial resulta difícil, sino imposible estar a la última.

Es el mismo Antonio, quien reconoce que la cualidad más inquietante de esta Cuarta Revolución Industrial es el comportamiento exponencial de su crecimiento, lo cual la hace inabarcable e intrínsecamente imprevisible.

De entre todos los eventos observados en el ecosistema y la historia de la digitalización, la inteligencia artificial nos amenaza con una pendiente exponencial vertiginosamente única. Cualquier intento por documentarnos y escribir acerca de la inteligencia artificial resulta frustrante porque todo lo que de ella queramos definir, simultáneamente irá quedándose obsoleto.

He aquí la audacia de Antonio, que como siempre, nos sorprende con un mensaje inesperadamente disruptivo: la inteligencia artificial nos obliga a asumir y redactar nuevas medidas éticas y legales que no solo nos inquietan a los médicos, sino que también parecen resultar inimaginables para nuestros juristas.

Durante los pocos años que los médicos llevamos introduciendo la IA en nuestra actividad profesional, nos estamos enfrentando con encrucijadas que ponen a prueba nuestra imaginación y nuestra ética.

¿De veras ha llegado el momento en el que los médicos vamos a compartir responsabilidades con la IA, en el diagnóstico, o en la toma de decisiones terapéuticas? ¿Cómo vamos a ser corresponsables con la IA del resultado o de las posibles complicaciones que sufran nuestros pacientes?

¿El que cada uno de nosotros formemos parte del *big data* como nutriente imprescindible de la inteligencia artificial nos concienciará de un nuevo deber ético para con el desarrollo científico?, ¿llegaremos a ser más generosos con nuestra intimidad liberando nuestros datos personales?

Todo esto resulta más vertiginoso con un concepto aún más impactante: la inteligencia artificial empuja a la medicina a una evolución inquietantemente rápida. Casi me atrevería a decir, que innovamos a una velocidad incómoda para la ciencia hipocrática, una disciplina tradicionalmente obligada a guardar un ritmo «prudentemente conservador».

Así, los juristas, tal vez van a tener que arremangarse, y romper igualmente con su histórico dogmatismo. Un cambio de paradigma para que los legisladores comiencen a perfilarse como una herramienta social especialmente dinámica y adaptable al cambio constante.

Es fascinante experimentar cómo la inteligencia artificial aplicada a la robótica quirúrgica ya es capaz de transformar nuestra habilidad manual en finos movimientos de precisión aumentada. Robots que pueden minimizar nuestros gestos manuales llevándolos a una dimensión microscópica a la vez que los filtra eliminando cualquiera de nuestros temblores o movimientos disarmónicos.

Posiblemente más valiosa aún sea la ayuda que la IA aporta a la investigación médica. Hasta ahora nos hemos aprovechado enormemente de la digitalización de los datos médicos y su manejo estadístico con la agilidad de la computación. La llegada de la IA al desarrollo científico de la medicina resulta extremadamente sorprendente, principalmente en su manejo del *big data*. Hasta ahora hemos manejado los conjuntos de datos con nuestra mente científica, incluso ayudados por la computación para proponer una única hipótesis de estudio. Por supuesto cada conclusión siempre ha sido apoyada o confirmada por la evidencia científica, una serie de condiciones estadísticas. a las que hemos considerado desde hace varios decenios la llave de la investigación médica y de la validación de nuestras hipótesis.

Cuando nos planteamos el mismo proyecto científico ayudados por la IA, esta frecuentemente nos sorprende vislumbrando y proponiéndonos varias hipótesis simultáneas. Con ello la inteligencia artificial llega a plantearnos la duda acerca de si la evidencia científica, hasta ahora considerada la llave del academicismo, haya podido ser en el pasado inmediato, más un límite o traba para la investigación. Este es un ejemplo de las sorpresas que nos depara este futuro cercano. Un futuro que ya está aquí o un futuro tan ágil y disruptivo que ya es capaz de mover criterios que imaginábamos definitivos.

Antonio nos asoma a un reto sin precedentes, una legislación revolucionariamente dinámica que lejos de ser un lastre, se erija en una ayuda, capaz de seguir los pasos de una futura medicina muy prometedora e ilusionante gracias al imprevisible crecimiento de una IA aún en pañales.

Ángel Villamor Pérez
Director Médico iQtra Medicina Avanzada
Traumatólogo y Cirujano Ortopédico

«El desarrollo de la IA es tan fundamental como la creación del ordenador personal. Cambiará la forma en que las personas trabajan, aprenden y se comunican, y transformará la atención médica. La IA ya se está utilizando para mejorar la forma en que se detectan y diagnostican las enfermedades. En el futuro, ayudará a acelerar los avances en la investigación y pondrá a disposición de quienes nunca visitan a un médico asesoramiento médico preciso y fiable. La IA es una herramienta poderosa que puede reducir la desigualdad y mejorar la vida de millones de personas en todo el mundo. Pero debe gestionarse con cuidado para garantizar que sus beneficios superen los riesgos. Me alienta ver esta exploración temprana de las oportunidades y responsabilidades de la IA en la medicina».

Bill Gates.

¿Hay algo más importante que la salud? Quizá algunos puedan encontrar otros valores por encima de la misma, pero nadie podrá negar que la salud y su mantenimiento y, por tanto, la atención sanitaria, tienen un impacto directo sobre la calidad de vida de las personas. La prestación de servicios sanitarios se enfrenta a desafíos de forma constante y, en la actualidad, a estos desafíos podríamos llamarlos problemas, que describen, de forma muy acertada, Sir Muir Gray[1] y Julio Mayol[2]: la variabilidad injustificada en calidad y resultados, la existencia de efectos adversos imprevistos causantes de daño a los

[1] Gray M., «Value-based healthcare». *BMJ.* 2017; 356:j437, http://dx.doi.org/10.1136/bmj.j437

[2] Mayol, J., «Value-based Surgery». *Journal of Healthcare Quality Research* 37 (2022), págs. 199-200. https://doi.org/10.1016/j.jhqr.2022.06.001

pacientes, el desperdicio de recursos limitados en actividades que no generan ningún valor, la inequidad, la falta de prevención, la despersonalización del paciente y el agotamiento de los profesionales, cada vez más escasos. A estos problemas, podríamos añadir la idiosincrasia de la población española, cada vez más envejecida y demandante de mayores y más caros estándares de calidad en salud. Ante esta situación, la inteligencia artificial (IA) es una realidad, es el presente y tiene la capacidad de poder ayudarnos. De hecho, hoy sabemos que mediante diferentes herramientas la IA ya lo hace como, por ejemplo, facilitando la toma de decisiones al responder preguntas médicas a partir de fuentes fiables de información; disminuyendo las cargas administrativas de los facultativos que llega a consumir hasta un 51 por 100 del tiempo de una consulta médica, permitiendo una mayor eficiencia de su tiempo; interactuando con pacientes a través de la telemedicina y la monitorización con dispositivos portados por los pacientes; estableciendo modelos de medicina predictiva y diagnóstico precoz mediante el estudio masivo de datos poblacionales; Entrenamiento de los facultativos en situaciones reales mediante la creación de gemelos digitales de pacientes reales; facilitando la creación y difusión de material científico y educativo personalizado para estudiantes, sanitarios o la población en general y, en especial, para aquellas personas con acceso limitado a una asistencia sanitaria, disminuyendo, en la manera de lo posible, los efectos de esta carencia[3].

A día de hoy, esta ayuda no es definitiva ya que la IA está en pleno y constante desarrollo, aprendiendo de cada pequeña parte de conocimiento a la que pueda tener acceso y el resultado final, el éxito, dependerá de la calidad de ese conocimiento al que tiene acceso, de lo que nosotros le enseñemos. No hay inteligencia artificial correcta sin inteligencia humana que proporcione información y datos válidos. De esto podemos deducir tres cosas, tal y como afirma Mo Gawdat[4]: que junto al conocimiento humano la IA seguirá avanzando, que llegará a ser mucho más inteligente que nosotros y que siendo un producto inacabado, no está exenta de limitaciones, eventos adversos o

---

[3] Lee, P.; Goldberg, C.; Kohane, I., *The AI Revolution in Medicine* (p. xv). Pearson Education. Edición de Kindle.

[4] Gawdat, M., https://www.elmundo.es/papel/el-mundo-que-viene/2024/02/28/65d769dcfdddfffe618b4597.html

fallos propios del aprendizaje. En el caso de la medicina, los riesgos son reales e inmediatos, y en el uso de la IA debemos ser conscientes de los mismos para minimizarlos. Estos son desafíos que deben abordar los investigadores, desarrolladores, reguladores, usuarios de la IA y legisladores para garantizar que se alinee de forma segura con nuestros valores, objetivos, ética y normativa. Desafíos que se tendrán que abordar con la IA «en marcha» ya que, aunque lo ideal sería hacer esto antes de que se universalice su uso sanitario y no sanitario, en la práctica médica y fuera de ella, ya la estamos usando. Si bien 2023 fue el punto de partida de la inteligencia artificial generativa, desde 2024 pasamos a una fase de maduración en la que se deben corregir o minimizar estos errores (generación de información falsa, error en la discriminación de resultados, uso de datos privados, coste ambiental...).

Si Internet facilitó la difusión del conocimiento, la inteligencia artificial va a ser capaz de llevar la inteligencia a todas partes permitiendo el uso adecuado del conocimiento disponible. Estamos en un momento emocionante, pero no deja de ser solamente el comienzo. Queda por delante un camino trepidante, por eso me complace prologar este libro del profesor Antonio Serrano Acitores que, situándonos en el contexto de la Cuarta Revolución Industrial, ofrece una visión holística de cómo la IA está revolucionando ya la práctica de la medicina y la atención sanitaria con sus capacidades de uso general, describiendo el marco normativo existente en España y en la Unión Europea y finalizando con una acertada descripción de los retos a los que nos enfrentamos y con las recomendaciones de un profesional con una dilatada experiencia en el mundo del Derecho e innovación. El futuro se presenta alentador para los sanitarios, ejerciendo la medicina con un asistente constante que ayude en la elaboración de informes, petición de pruebas, en la toma de decisiones y diagnósticos complicados y siempre respaldado por el conocimiento científico más actual y por los datos estadísticos más recientes, disminuyendo, por un lado, la variabilidad, los efectos adversos, las acciones carentes de valor y la fatiga del sanitario, y aumentando, por otro lado, la eficiencia, y el acceso a la atención sanitaria para mejorar las vidas de nuestros pacientes, especialmente de los más vulnerables.

Confío que el presente libro permita al lector adquirir, de forma dinámica, un conocimiento profundo sobre el tema permitiéndole vislumbrar cómo se integrará la IA en la atención sanitaria y la medicina.

Manuel Gómez Serrano
Jefe de Servicio de Otorrinolaringología y Cirugía de Cabeza y Cuello.
Hospital Universitario Puerta de Hierro de Majadahonda. Madrid

INTRODUCCIÓN A LA OBRA

Nos encontramos en los primeros días de la Cuarta Revolución Industrial, revolución que se caracteriza por la confluencia simultánea de numerosas tecnologías exponenciales como el *big data*, el *blockchain*, el internet de las cosas, la robótica, la realidad virtual, las impresoras 3D y, por supuesto, la inteligencia artificial.

Mientras que las organizaciones, en general, se mueven con una velocidad de cambio lineal, todas estas tecnologías evolucionan de manera exponencial, esto es, cada año multiplican su potencia respecto al año anterior. Así, el ritmo exponencial de desarrollo de las tecnologías emergentes está cambiándolo todo como nunca antes en la historia de la humanidad.

Esto se debe, por una parte, a que se están produciendo numerosos avances tecnológicos simultáneamente; y por otra, al hecho de que muchas de estas tecnologías se construyen unas sobre la base de otras. De este modo, en todas las industrias, incluida la sanitaria, las tecnologías de aceleración se están cruzando y están cambiando drásticamente la forma en que vivimos, trabajamos e interactuamos.

En definitiva, esta revolución representa una convergencia de capacidad tecnológica, inteligencia y conectividad que gira en torno al nuevo paradigma de la información o los datos como el petróleo del siglo XXI.

En efecto, el paradigma de la información, creado como resultado de la Ley de Moore y de otras fuerzas fundamentales que influyen en el mundo digital, están acelerando y haciendo escalar exponencialmente el metabolismo de los productos, las compañías y las industrias.

Ello ha sido posible, entre otras cosas, gracias a las 6Ds de las que hablaba PETER DIAMANDIS[1], a saber:

(i) Digital (*digitized*): todo lo que se puede digitalizar —es decir, que se puede representar con unos y ceros— se convierte en accesible y, por tanto, resulta fácil de compartir y distribuir por ordenador. De este modo, todo lo digital asume el mismo crecimiento exponencial que el de la informática.

(ii) Distorsionado (*deceptive*): las tendencias exponenciales no se detectan en los primeros días. El crecimiento es engañosamente lento hasta que comienza a ser medido en números enteros.

(iii) Disruptivo (*disruptive*): las tecnologías digitales superan a los modelos no digitales anteriores tanto en eficacia como en coste, lo que perturba significativamente a los mercados existentes para un producto o servicio.

(iv) Desmonetizado (*demonetized*): a medida que la tecnología se vuelve más barata, a veces hasta el punto de ser gratuita, el dinero se elimina cada vez más de la ecuación.

(v) Desmaterializado (*dematerialized*): la necesidad de productos físicos voluminosos o caros de un solo uso —radio, cámara, GPS, vídeo, teléfonos, mapas, etc.— desaparece a medida que estos productos se incorporan a los *smartphones*.

(vi) Democratizado (*democratized*): una vez que una cosa o activo es digitalizado, más personas pueden tener acceso a los mismos. De este modo, todo el mundo puede acceder a potentes tecnologías, proporcionando a individuos y entidades la posibilidad de implementar el siguiente gran avance.

[1] DIAMANDIS, P.H., «The 6 D'S», *Diamandis Blog*, 21 de noviembre de 2016. Puede consultarse en https://www.diamandis.com/blog/the-6ds

Gráfico 1

Las 6Ds

Fuente: Elaboración propia.

Como se ve, la era digital supone mucho más que tener una web y una tienda *online* en diferentes idiomas. Ser nativo digital no consiste en tener un iPad y estar suscrito a una cuenta de Netflix.

De este modo, si bien el cambio es una constante universal que siempre ha estado ahí, ahora mismo y como consecuencia de esta revolución y de la crisis de la COVID-19, la velocidad con la que el cambio sucede es cada vez mayor y más difícil de gestionar para las compañías, las Administraciones Públicas y los individuos.

Y es que todos estos cambios están teniendo un impacto natural en la forma en que creamos y gestionamos las empresas, las Administraciones y nuestras vidas. No se trata solo de hacer lo que ya hacemos mejor, más rápido o más barato. Por el contrario, es la tecnología en sí misma la que nos está dando la capacidad de construir negocios, Administraciones y vidas fundamentalmente diferentes.

Así las cosas, y tras un año en el que el metaverso parecía ser el siguiente gran tema en materia tecnológica, lo cierto y verdad es que desde noviembre de 2022 y como consecuencia de la explosión de herramientas como ChatGPT o Midjourney, la inteligencia artificial, en general, y la generativa, en particular, parece haber «adelantado por la derecha» a la creación de mundos virtuales[2].

De hecho, el 21 de marzo de 2023, Bill Gates manifestaba en su blog que «la era de la inteligencia artificial ha comenzado»[3]. En efecto, Gates destaca en sus notas que «en mi vida, he visto dos demostraciones de tecnologías que me han parecido revolucionarias». La primera, comentaba, fue la de la interfaz gráfica de usuario que dio lugar a Windows. La segunda la presenció el año pasado, cuando un equipo de OpenAI le demostró a Gates la capacidad de ChatGPT.

El cofundador de Microsoft, que ya había hablado del impacto potencial de esta tecnología, apuntaba a otras muchas áreas en las que la inteligencia artificial puede ser toda una revolución, y afirmaba lo siguiente: «El desarrollo de la inteligencia artificial es tan fundamental como la creación del microprocesador, el ordenador personal, Internet y el teléfono móvil. Cambiará la forma en que las personas trabajan, aprenden, viajan, reciben atención sanitaria y se comunican entre sí. Industrias enteras se reorientarán a su alrededor. Las empresas se distinguirán por lo bien que lo utilicen».

Entre los campos en los que espera avances notables gracias a la inteligencia artificial está la educación —mencionaba específicamente las matemáticas—, el cambio climático, la propia mejora de la pro-

---

[2] Borrás, García, P., «La inteligencia artificial derrota al metaverso», *Cinco Días*, 15 de abril de 2023. Puede consultarse en https://cincodias.elpais.com/opinion/2023-04-15/la-inteligencia-artificial-derrota-al-metaverso.html# Ahora bien, con el anuncio por parte de Apple de su lanzamiento de las Apple Vision Pro para el año 2024, puede que haya que reformular nuevamente esta afirmación si bien los de Cupertino prefieren hablar de computación espacial en vez de utilizar el término metaverso (véase al respecto, Erard, G., «Apple nunca habló de "VR" o "realidad mixta". Así es como quiere definir las Vision Pro», *Hipertextual*, 6 de junio de 2023).

[3] Gates, B., «The Age of AI has begun», *GatesNotes*, 21 de marzo de 2023. Puede consultarse en https://www.gatesnotes.com/The-Age-of-AI-Has-Begun

ductividad en el trabajo —aquí nos recordaba la reciente presentación de Microsoft 365 Copilot—, o, lo que es más interesante a los efectos de este trabajo, la sanidad, donde espera particulares hitos en el descubrimiento de nuevas vacunas o medicamentos, y también en la detección de enfermedades[4].

En efecto, y como luego veremos en detalle, la inteligencia artificial puede tener en el ámbito clínico muchas y muy variadas aplicaciones de gran utilidad, entre ellas algunas como facilitar y mejorar la capacidad de diagnóstico, predecir reingresos hospitalarios, ayudar en el descubrimiento de nuevos fármacos o procesar y obtener información de historiales médicos electrónicos. Sin embargo, su utilización también plantea varios desafíos y preocupaciones éticas y legales, especialmente, en el ámbito de la protección de los derechos fundamentales de los pacientes.

De hecho, esta reciente «explosión» de inteligencia artificial generativa ha supuesto el inicio de una carrera empresarial «fuera de control» que puede reportar beneficios multimillonarios, pero cuyo impacto social, económico y cultural puede comportar profundos riesgos para la humanidad. De ahí que el 22 de marzo de 2023 más de 1.000 personalidades, desde Elon Musk a Yuval Noah Harari, intelectuales, tecnólogos y académicos firmaran una carta abierta en la que solicitar pausar durante seis meses el entrenamiento de sistemas más potentes a GPT-4[5]. El peligro de seguir avanzando sin una regulación clara, argumentaban, era demasiado grande.

A mayor abundamiento, más recientemente, a finales de mayo de 2023, el propio fundador y CEO de OpenAI (empresa de herramientas como ChatGPT o DALL·E), Sam Altman, junto con otros prestigiosos expertos en inteligencia artificial como Lila Ibrahim, responsable de operaciones de Google DeepMind, o el ganador del premio Turing, Geoffrey Hinton, que es considerado uno de los «padres» de las redes neuronales, advertían que esta tecnología supone un riesgo para la especie humana. De hecho, asegu-

---

[4] Pastor, J., «"La era de la IA ha comenzado": Bill Gates cree que estamos ante nuestra segunda gran revolución tecnológica», *Xataka*, 22 de marzo de 2023. Puede consultarse en https://www.xataka.com/robotica-e-ia/era-ia-ha-comenzado-bill-gates-cree-que-estamos-nuestra-segunda-gran-revolucion-tecnologica

[5] Puede consultarse dicha carta en este enlace: https://futureoflife.org/open-letter/pause-giant-ai-experiments/.

ran que esta tecnología debe considerarse igual de arriesgada para la civilización que una guerra nuclear o una pandemia. En particular, han lanzado un comunicado desde el Centro para la Seguridad de la Inteligencia Artificial, una organización sin ánimo de lucro que agrupa a las principales empresas tecnológicas y departamentos académicos que estudian estas disciplinas señalando que «mitigar el riesgo de extinción por la IA debería ser una prioridad global, junto con otros riesgos a escala social, como las pandemias y la guerra nuclear»[6].

Así las cosas, y por lo que se refiere al ámbito de la salud, las cuestiones éticas relacionadas con la inteligencia artificial empezaron a investigarse hace más de 20 años, cuando se conceptualizó la tecnología de los historiales médicos electrónicos (EHR), y a medida que nuevas formas de tecnologías generalizadas producen datos, están surgiendo inquietudes sobre el respeto de los principios éticos biomédicos en la aplicación de estas tecnologías. El respeto a la autonomía, la beneficencia, la no maleficencia y la justicia, siguen siendo relevantes y deben priorizarse para garantizar que las personas estén protegidas ante posibles daños.

Los desafíos éticos y legales surgen de la combinación de nuevas tecnologías que evolucionan rápidamente, nuevas partes interesadas (por ejemplo, grandes empresas tecnológicas), una gran cantidad de datos y nuevas técnicas computacionales y analíticas; y frente a ellos descubrimos una falta de controles reglamentarios o estándares comunes para guiar esta convergencia en el ámbito de la salud.

Muchas de las inquietudes planteadas en este tema incluyen abordar el riesgo adicional para la privacidad y confidencialidad del paciente, el análisis de los límites entre el papel del médico y el de la máquina en la atención al paciente, la certeza de que las personas tendrán la información que necesitan respecto a dichas herramientas para tomar una decisión informada y que los riesgos de daños frente a posibles beneficios se evaluarán siempre[7].

---

[6] Puede consultarse dicho comunicado en este enlace: https://www.safe.ai/work/statement-on-ai-risk.

[7] RIVILLA-PIÑANGO, C. y TAMAYO-LÓPEZ, M. J., «La inteligencia artificial y la ética», *Revista Bioética y Ciencias de la Salud*, ISSN: 2659-3467, publicado en la edición de 2021, enero-junio; vol. 9 (1).

De este modo, el presente trabajo tiene por objeto exponer algunas consideraciones éticas y legales en el uso de la inteligencia artificial en el ámbito sanitario o de salud, abordando para ello la protección de los derechos fundamentales de los pacientes en estos casos.

Así, en las siguientes páginas trataremos las siguientes cuestiones: en primer lugar, explicaremos la transición de una economía analógica a una economía digital como consecuencia de la Cuarta Revolución Industrial y la convergencia de las tecnologías disruptivas y exponenciales que están transformando todas las industrias, incluida la sanitaria; en segundo lugar, centraremos especialmente nuestra atención en explicar los principales conceptos técnicos relacionados con la inteligencia artificial y los principales casos de uso en el ámbito sanitario y de la salud; en tercer lugar, profundizaremos en el marco normativo existente en España en relación con la inteligencia artificial y el ámbito sanitario, haciendo especial hincapié en la protección de los derechos fundamentales de los pacientes al respecto; en cuarto lugar, se analizará en detalle el enfoque de la Unión Europea en relación con la inteligencia artificial detallando el paquete normativo que se está desarrollando al respecto; en quinto lugar, pondremos el foco en los retos éticos y legales que todo lo anterior genera; y finalmente, realizaremos una serie de recomendaciones para intentar preservar el equilibrio entre las numerosas posibilidades que ofrece una tecnología tan disruptiva como la inteligencia artificial en el ámbito sanitario y el respeto de los derechos fundamentales de los pacientes como la protección de datos, la privacidad y la confidencialidad.

Por último, no quiero dejar de transmitir mi agradecimiento a la Fundación Mediterráneo y a su presidente D. Luis Boyer por haber premiado esta obra con una «Mención Especial» en la I Edición de los «Premios Vicente Gimeno Sendra de trabajos jurídicos sobre Derechos Fundamentales» en enero de 2024, reuniendo para ello a un jurado presidido por D. Pascual Sala, Expresidente del Tribunal de Cuentas, del Tribunal Supremo, del Consejo General del Poder Judicial y del Tribunal Constitucional y que también ha contado con D.ª Victoria Ortega, Presidenta del Consejo General de la Abogacía; D. Luis María Cazorla, Catedrático de Derecho Financiero y Tributario, Abogado del Estado y Letrado de las Cortes Generales; D.ª Yolanda Gómez, Directora del Centro de Estudios Políticos y Constitucionales y Catedrática de Derecho Constitucional; D. Juan Carlos López Coig, Fiscal del Tribunal Supremo; y D. José María Asencio, Catedrático de Derecho Procesal de la Universidad de Alicante.

1

EL IMPACTO DE LA CUARTA REVOLUCIÓN INDUSTRIAL EN LA ECONOMÍA: LA TRANSFORMACIÓN DIGITAL

1. INTRODUCCIÓN: DE LA ESCASEZ A LA ABUNDANCIA

La transición de una economía analógica a una economía digital es un fenómeno que ha tomado fuerza en las últimas décadas. El avance de las tecnologías de la información y comunicación (en adelante, las «TIC»), la globalización y el cambio en la forma en que producimos y consumimos bienes y servicios han sido factores determinantes en esta impactante transformación[1].

La economía es una ciencia social que se ocupa de analizar cómo los recursos escasos se asignan a la satisfacción de las necesidades humanas. Tradicionalmente, la economía se ha centrado en la gestión de la escasez, en cómo las personas, las empresas y los gobiernos toman decisiones para maximizar el bienestar utilizando recursos limitados.

Sin embargo, la digitalización está cambiando esta perspectiva. En efecto, la economía digital es un término que se refiere a la inte-

[1] A este respecto y para un estudio más detallado, recomendamos nuestra obra Serrano Acitores, A., *Economía digital y regulación europea: mercados y servicios digitales, criptoactivos, gobernanza de datos e IA*, Tecnos, Madrid, 2023.

gración de tecnologías digitales en todos los aspectos de una economía. En su raíz, la economía digital comprende la conversión de información analógica en formato digital y la capacidad de usar esta información para producir y distribuir bienes y servicios. Esta economía surgió con la adopción generalizada de la digitalización y la conectividad a Internet, dando lugar a nuevas formas de creación de valor económico.

El origen de la economía digital puede remontarse al advenimiento de las primeras TIC en la década de 1970. Estas tecnologías digitales, como las computadoras personales y las bases de datos electrónicas, permitieron una recopilación y procesamiento de información más eficiente. Sin embargo, fue la introducción de la World Wide Web en la década de 1990 lo que realmente marcó el comienzo de la economía digital.

En sus inicios, la economía digital era simplemente un término para describir la creciente digitalización de la economía tradicional. Los negocios empezaron a utilizar Internet para mejorar sus operaciones, creando sitios web y utilizando el correo electrónico para comunicarse. Sin embargo, en la década de 2000, la economía digital empezó a tomar forma de manera más definitiva. Empresas como Amazon y eBay demostraron que se podían realizar transacciones económicas de manera completamente digital.

A medida que la economía digital creció, también lo hizo su impacto en la economía global. En la década de 2010, se produjo una explosión en el desarrollo y adopción de tecnologías digitales. La movilidad, el análisis de datos, la nube y las redes sociales se convirtieron en fuerzas motrices de la economía digital. Las empresas emergentes, o *startups*, empezaron a desafiar y a veces desplazar a las empresas establecidas en sectores como el transporte, la hostelería y el comercio minorista.

Este fenómeno fue potenciado con el inicio de la Cuarta Revolución Industrial y la consecuente introducción de tecnologías disruptivas como el *blockchain*, el *big data*, la inteligencia artificial y el Internet de las cosas o *internet of things* (en adelante, el «IoT»). Estas tecnologías están cambiando la forma en que las personas y las empresas interactúan, ofreciendo oportunidades para la innovación y la creación de valor económico. Por ejemplo, la inteligencia artificial está permitiendo la automatización de tareas, la mejora de la toma de decisiones y el desarrollo de nuevos productos y servicios[2].

Asimismo, la economía de las plataformas se ha convertido en un componente clave de la economía digital. En efecto, plataformas como Facebook, Google, Amazon y Uber se basan en el efecto de red y el poder de la digitalización para conectar a personas y empresas en todo el mundo. Estas plataformas están redefiniendo las industrias y cambiando la forma en que se realizan las transacciones económicas[3].

Además, la economía digital ha cambiado la forma en que se mide la actividad económica. En una economía digital, los datos se convierten en una forma de capital, y su recolección, análisis y uso pueden generar un valor económico considerable. Así, la economía digital ha llevado a la aparición de nuevas formas de empleo, como el trabajo *freelance* y el trabajo a distancia, que son posibles gracias a la conectividad digital.

Y es que la economía digital se basa en la generación, distribución y uso de información en forma de bits, que pueden ser copiados, almacenados y transmitidos a un coste casi nulo. Ello crea una economía de abundancia, en la que los bienes y servicios digitales pueden ser producidos y distribuidos a un gran número de personas sin limitaciones de recursos.

Así las cosas, esta abundancia de información y conocimiento tiene el potencial de mejorar la eficiencia en la asignación de recursos y la productividad, reducir los costes de transacción y acelerar la innovación en múltiples sectores de la economía como, por ejemplo, el sanitario.

Y es que, esta Cuarta Revolución Industrial, que analizaremos en detalle en las siguientes páginas, se caracteriza por la convergencia de tecnologías digitales, físicas y biológicas que están transformando la forma en que vivimos, trabajamos y nos relacionamos. Algunas de las características clave de esta revolución son:

---

[2] Brynjolfsson, E., y McAfee, A., *The Second Machine Age: Work, Progress, and Prosperity in a Time of Brilliant Technologies*, W. W. Norton & Company, Nueva York, 2014.

[3] Parker, G., Van Alstyne, M., y Choudary, S. P., *Platform Revolution: How Networked Markets Are Transforming the Economy-And How to Make Them Work for You*, W. W. Norton & Company, Nueva York, 2016.

(i) La digitalización de la producción y los servicios, lo que permite la automatización y la eficiencia en la cadena de suministro.
(ii) La hiperconectividad, que facilita la comunicación y colaboración entre individuos, empresas y gobiernos a nivel global.
(iii) La inteligencia artificial y el aprendizaje automático, que permiten el análisis y la toma de decisiones basadas en datos.
(iv) La economía colaborativa, en la que las personas y empresas comparten recursos y conocimientos para crear valor.

De esta forma, el impacto de la Cuarta Revolución Industrial y la implantación de las tecnologías disruptivas en la economía son profundos y abarcan múltiples aspectos, como el aumento de la productividad, la creación de nuevos modelos de negocio, la transformación del empleo y la redistribución de la riqueza.

2. LA TECNOLOGÍA COMO CATALIZADORA DE LA REVOLUCIÓN TECNOLÓGICA

Como consecuencia de la evolución de Internet, todo está cambiando a una velocidad vertiginosa y muchas veces, debido a nuestro día a día, a nuestras rutinas, a nuestras preocupaciones no nos damos cuenta.

La tecnología lo está transformando absolutamente todo. Así:

(i) El *email* ha desbancado al correo postal.
(ii) WhatsApp ha destruido el negocio de SMS de las compañías de telefonía.
(iii) Netflix, Amazon Prime y Disney+ han conseguido que no queden casi videoclubes y que menos gente vaya al cine.
(iv) Booking es una gran amenaza para las agencias de turismo.
(v) Google ha cambiado la forma de obtener información.
(vi) AirBnb está causando grandes dolores de cabeza a los propietarios de los hoteles.

(vii) Las redes sociales han hecho muchísimo daño a los medios de comunicación.
(viii) Facebook mata poco a poco a los portales de contenido.
(ix) X (antes Twitter) y, más recientemente, Threads condicionan la actividad política.
(x) El currículum vitae está siendo sustituido por LinkedIn.
(xi) Instagram y TikTok están remplazando a las revistas de moda y creando modelos e *influencers*.
(xii) Tinder ha cambiado la forma de ligar.
(xiii) Las empresas de televisión están en riesgo por culpa de YouTube, Twitch y los *eSports*.
(xiv) Spotify, iTunes y Amazon Music han cambiado la manera de consumir música.
(xv) 21 buttons está modificando la forma de vender y comprar ropa.
(xvi) Los *smartphones* están acabando con las cámaras de fotografía.
(xvii) Uber y Cabify han puesto en pie de guerra a los taxistas.
(xviii) Blablacar hace la vida imposible a las compañías de transporte, sobre todo a las de autobuses.
(xix) El *car sharing* está perjudicando seriamente la compraventa de vehículos.
(xx) Los coches eléctricos amenazan a las empresas petrolíferas.
(xxi) Waze es el sustituto perfecto y mejorado del GPS.
(xxii) La nube está inutilizando el uso del *pendrive*.
(xxiii) Wikipedia ha fagocitado las enciclopedias y diccionarios.
(xxiv) Amazon tiene en jaque a grandes superficies como «El Corte Inglés».
(xxv) El *blockchain* amenaza a los bancos.
(xxvi) El *big data*, la inteligencia artificial y la robótica van a destruir muchos puestos de trabajo.

Y es que todas las tareas susceptibles de ser automatizables se automatizarán.

A ello hay que añadirle el efecto multiplicador que ha tenido la crisis sanitaria y económica de la COVID-19. En efecto, como consecuencia de esta pandemia, la digitalización de la economía se ha acelerado aún más: la educación *online*, el teletrabajo, la telesalud, los juegos *online* y el comercio electrónico, entre otras cosas, se incrementaron durante los años 2020 y 2021 a niveles que ni nos hubiéramos podido imaginar.

Sumémosle ahora el desarrollo del metaverso, entendiendo el mismo como un agregador masivo de aplicaciones, tecnologías, servicios, bienes, contenidos y usuarios que va a suponer nuevamente un cambio en la manera de relacionarnos[4]; o la espectacular irrupción de la inteligencia artificial generativa desde noviembre de 2022 con la explosión de herramientas como ChatGPT o Midjourney y la amenaza que esto puede suponer para numerosos puestos de trabajo.

Ahora bien, a pesar de todos estos cambios, de toda esta incertidumbre, no hay que tener miedo. Lo que habrá de hacerse es afrontar con valentía los diferentes retos que plantea este nuevo ecosistema a través de un análisis multidisciplinar y centrado en la ética humanista que siga considerando a las tecnologías como una herramienta y no como un fin, poniendo siempre en el centro la dignidad del ser humano.

Por otra parte, y viendo el lado positivo, debemos tener presente que los negocios vinculados a las nuevas tecnologías han hecho que surjan múltiples oportunidades de negocio y nuevas profesiones que hace unos años eran impensables. El analista de datos, el experto en ciberseguridad, el *community manager*, el *Chief Metaverse Officer* o el *prompt engineer* son ejemplos de ello[5]. Es más, son muchos los informes que vaticinan que el 90 % de los puestos de trabajo requerirá al menos unas capacidades digitales básicas.

A ello, habrá que unirle el desarrollo de una serie de habilidades como el liderazgo, la inteligencia emocional, la predisposición a seguir aprendiendo, la creatividad y, por supuesto, la innovación, que permitirán afrontar con éxito todos estos cambios.

Y es que la revolución digital ya está aquí y no es opcional, o cambias o te cambian. O eres distinto, o eres barato. O eres distinto, o eres sustituible. Pero ¿en qué consiste esta Cuarta Revolución Industrial?

---

[4] Serrano Acitores, A., *Metaverso y Derecho*, Tecnos, Madrid, 2.ª ed., 2023.

[5] Cózar, C.R., «Telefónica crea el primer puesto directivo para el metaverso y pone al frente a Yaiza Rubio», *El Independiente*, 28 de febrero de 2022. Puede consultarse en https://www.elindependiente.com/economia/2022/02/28/telefonica-crea-el-primer-puesto-directivo-para-el-metaverso-y-pone-al-frente-a-yaiza-rubio/

3. ENTENDIENDO LA CUARTA REVOLUCIÓN INDUSTRIAL

3.1. HISTORIA DE LAS REVOLUCIONES INDUSTRIALES PRECEDENTES

Todos estos cambios se están produciendo y alcanzarán su pleno esplendor en el contexto de lo que se ha denominado la Cuarta Revolución Industrial. En efecto, la industria 4.0 es el origen de una nueva revolución que mezcla vanguardistas técnicas de producción con sistemas inteligentes que se integran con las organizaciones y las personas[6].

Ahora bien, para entender cómo hemos llegado a esta Cuarta Revolución Industrial, creemos que debemos acudir a la historia echando la vista atrás y analizando las tres revoluciones industriales previas y cómo cada una de ellas cambió la forma de ser y estar en el mundo en su época.

En efecto, las siguientes líneas tienen por objeto analizar someramente el impacto socioeconómico y tecnológico de las tres revoluciones industriales anteriores[7]. Así, podemos distinguir las siguientes etapas:

(i) La Primera Revolución Industrial: tal y como todos estudiamos en el colegio, la Primera Revolución Industrial tuvo lugar a finales del siglo XVIII en el Reino Unido y concluyó entre 1820 y 1840. Durante esta época, tanto la máquina de vapor patentada por JAMES WATT en 1769 y su principal aplicación en la locomotora y el ferrocarril como el desarrollo de los telares mecánicos en 1784 por EDMUND CARTWRIGHT se erigieron como auténticos protagonistas.

[6] IBERDROLA, *Industria 4.0: ¿qué tecnologías marcarán la Cuarta Revolución Industrial?*, consultado el 12 de marzo de 2021 en https://www.iberdrola.com/innovacion/cuarta-revolucion-industrial

[7] Para ello, el uso de la Wikipedia ha resultado fundamental. Así, para preparar el resumen que se encuentra a continuación hemos partido de las siguientes entradas de la misma:

- Para la Primera Revolución Industrial véase https://es.wikipedia.org/wiki/Revoluci%C3%B3n_Industrial.
- Para la Segunda Revolución Industrial véase https://es.wikipedia.org/wiki/Segunda_Revolución_Industrial
- Para la Tercera Revolución Industrial véase https://es.wikipedia.org/wiki/Tercera_Revolución_Industrial

Durante este período se vivió el mayor conjunto de transformaciones económicas, tecnológicas y sociales de la historia de la humanidad desde el Neolítico[8], que vio el paso desde una economía rural basada fundamentalmente en la agricultura y el comercio a una economía de carácter urbano, industrializada y mecanizada[9].

De este modo, la Primera Revolución Industrial se caracterizó por una trasformación del trabajo manual al trabajo manufacturado e industrial, viéndose además marcada por el mercantilismo de la época, puesto que se requería de carbón para que las máquinas funcionaran[10].

(ii) La Segunda Revolución Industrial: esta revolución llegó con el robustecimiento de la ciencia en la sociedad y hace referencia a los cambios interrelacionados que se produjeron aproximadamente entre 1870 hasta 1914, cuando se inicia la Primera Guerra Mundial.

Durante este período los cambios sufrieron una fuerte aceleración. El proceso de industrialización cambió su naturaleza y el crecimiento económico varió de modelo. Los cambios técnicos siguieron ocupando una posición central, junto a las innovaciones técnicas concentradas, esencialmente, en nuevas fuentes de energía como el gas o la electricidad, nuevos materiales como el acero y el petróleo; y nuevos sistemas de transporte (avión, automóvil y nuevas máquinas a vapor) y comunicación (teléfono y radio) indujeron transformaciones en cadena que afectaron al factor trabajo y al sistema educativo y científico; al tamaño y gestión de las empresas, a la forma de orga-

---

[8] Mccloskey, D., «Review of The Cambridge Economic History of Modern Britain». *Times Higher Education Supplement*, 15 de enero de 2004.

[9] Chaves Palacio, J., «Desarrollo tecnológico en la Primera Revolución Industrial», *Revista de Historia*, 17, 2004.

[10] Caballero Martínez, J., «Conceptualización y aproximación a las nuevas categorías jurídicas del panorama digital», *Disrupción tecnológica, transformación digital y sociedad, colección «Así habla el Externado», Derecho, innovación y Tecnología: Fundamentos para el mundo digital*, Tomo III, Colombia, 2021, pp. 122-124. Puede consultarse en https://www.uexternado.edu.co/wp-content/uploads/2021/04/Capitulo2Tomo3.pdf.

nización del trabajo, al consumo, hasta desembocar también en la política[11].

Así, hitos especialmente relevantes fueron la introducción de la producción masiva basada en la electricidad en 1870 y la invención de la primera cadena de montaje, diseñada de forma teórica por FREDERICK TAYLOR en la época del taylorismo, implementada por RAMSON OLDS en 1901 y popularizada y perfeccionada por HENRY FORD en 1913 para ejecutar la producción en cadena del Modelo Ford T.

Todos estos procesos se produjeron en el marco de la denominada primera globalización, que supuso una progresiva internacionalización de la economía, y que funcionaba de forma creciente a escala mundial por la revolución de los transportes. Ello condujo a su extensión a más territorios que la primera revolución, limitada a Gran Bretaña, y que llegaría a alcanzar a casi toda Europa Occidental, Estados Unidos y Japón.

De esta forma, entre los cambios sucedidos en los países que vivieron la industrialización durante este período destacan las innovaciones tecnológicas, los cambios organizativos en las empresas y los mercados y el nacimiento de lo que podría considerarse como la primera globalización[12].

(iii) La Tercera Revolución Industrial: también llamada revolución científico-tecnológica, revolución de la inteligencia o tercera revolución tecnológica, es un nuevo concepto y una fusión de ideas, que fue planteado por JEREMY RIFKIN, y avalado por el Parlamento Europeo en una declaración formal aprobada en junio de 2006[13].

Se trata de un proceso multipolar, liderado por Estados Unidos, Japón y la Unión Europea que comenzó a

---

[11] BILBAO, L. y LANZA, R., «Los inicios de la Segunda Revolución Industrial», *Historia Económica*, Universidad Autónoma de Madrid, 2021, pp. 155-196. Puede consultarse en https://repositorio.uam.es/bitstream/handle/10486/11139/55646_HistoriaEconomicaCC.pdf

[12] COMÍN COMÍN, F., *Historia económica mundial. De los orígenes a la actualidad*, Alianza Editorial, 2012.

[13] RIFKIN, J., *La Tercera Revolución Industrial: Cómo el poder lateral está transformando la energía, la economía y el mundo*, Paidós Estado y Sociedad, 2011.

mediados del siglo pasado, pudiendo señalarse como hitos de gran relevancia el inicio de la programación de las máquinas de la mano de la informática en 1969 y el consecuente aumento progresivo de la automatización.

En esta línea, esta revolución se fue consolidando en los inicios del siglo XXI gracias a la conjunción del avance de las tecnologías de las comunicaciones, junto al gran desarrollo y uso de Internet, así como de la conciencia por el cuidado del medioambiente y el uso de las energías renovables.

Por otra parte, la globalización tiene una importante participación en este momento de la historia, puesto que significa apertura económica, libre mercado y comunitarismo regional. Por primera vez en el contexto de la Unión Europea una declaración del Parlamento Europeo en el año 2007 resaltó «... el establecimiento de una economía verde basada en el hidrógeno y una Tercera Revolución Industrial en Europa, mediante una asociación con las regiones, las ciudades, las pymes y las organizaciones de la sociedad civil interesadas»[14].

3.2. La Cuarta Revolución Industrial

Sobre los anteriores cimientos se erige ahora la Cuarta Revolución Industrial, una revolución que se inició entre los años 2013 y 2014 gracias a la digitalización de los procesos industriales y los sistemas, surgiendo de este modo la industria 4.0 caracterizada por la implantación de fábricas inteligentes y la gestión *online* de la producción.

El concepto de Cuarta Revolución Industrial lo acuña en 2016 Klaus Schwab, el fundador del Foro Económico Mundial, en una obra homónima. Así, para Schwab «estamos al borde de una revolución tecnológica que modificará la forma en que vivimos, trabajamos y nos relacionamos. En una escala de alcance y complejidad la transformación será diferente a cualquier cosa que el género humano haya experimentado antes».

[14] Caballero Martínez, J., *op. cit.*, p. 123.

Así, continúa SCHWAB, «la Cuarta Revolución Industrial genera un mundo en el que los sistemas de fabricación virtuales y físicos cooperan entre sí de una manera flexible a nivel global. Sin embargo, no consiste solo en sistemas inteligentes y conectados. Su alcance es más amplio y va desde la secuenciación genética hasta la nanotecnología, y de las energías renovables a la computación cuántica. Es la fusión de estas tecnologías y su interacción a través de los dominios físicos, digitales y biológicos lo que hace que la Cuarta Revolución Industrial sea diferente a las anteriores»[15].

GRÁFICO 2

Las cuatro revoluciones industriales

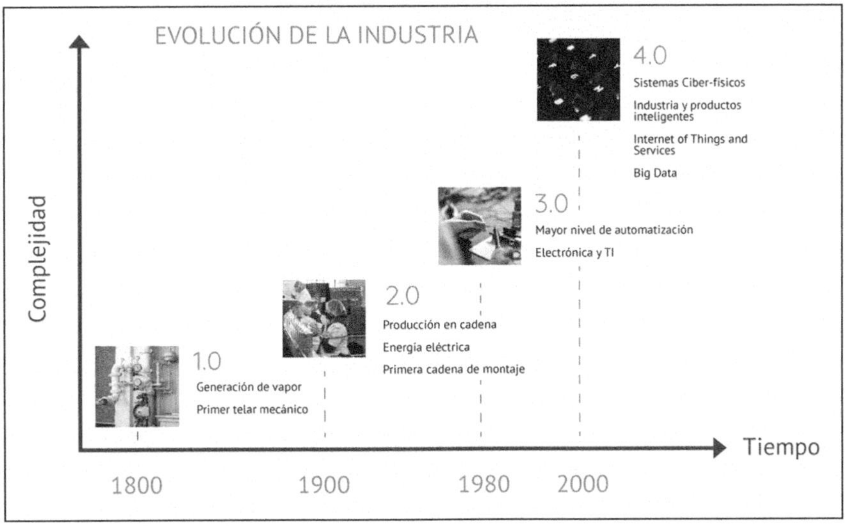

FUENTE: Elaboración propia.

De este modo, nos hallamos en la fase embrionaria de la Cuarta Revolución Industrial, un período distintivo que se manifiesta a través de la integración sinérgica de tecnologías en rápido ascenso como el análisis avanzado de macrodatos, sistemas de inteligencia artificial, protocolos de cadena de bloques, computación cuántica, interconexión

[15] SCHWAB, K., *La Cuarta Revolución Industrial*, Debate, 2016.

de dispositivos mediante IoT, automatización robótica, inmersión en entornos de realidad virtual, protocolos sofisticados de ciberseguridad y reconocimiento biométrico, manipulación molecular a través de la nanotecnología, avances en biotecnología de secuenciación genética, prototipado mediante impresión tridimensional, modelado de infraestructuras a través de *business information modeling* o BIM, vehículos de conducción autónoma y vehículos aéreos no tripulados, entre otros elementos tecnológicos.

Mientras que las organizaciones y la sociedad en su conjunto avanzan a un ritmo de cambio constante, todas estas innovaciones tecnológicas crecen a una tasa exponencial, duplicando su capacidad año tras año. De este modo, la velocidad exponencial de progreso en tecnologías novedosas está transformando todo de una manera sin precedentes en nuestra historia.

Esta situación se atribuye, en parte, al hecho de que se están realizando múltiples progresos tecnológicos de forma concurrente y, además, a que muchas de estas innovaciones tecnológicas se fundamentan y mejoran unas a otras. Así, en todos los sectores industriales, las tecnologías de aceleración están interconectándose y alterando radicalmente cómo vivimos, trabajamos y nos relacionamos.

En definitiva, esta revolución simboliza una fusión de habilidades tecnológicas, intelectuales y conectividad basada en el nuevo modelo de considerar a los datos como el petróleo del siglo XXI.

Efectivamente, el paradigma de la información, forjado por la Ley de Moore y otras fuerzas fundamentales que afectan al universo digital, está impulsando y elevando de manera exponencial el ritmo de crecimiento de productos, empresas e industrias.

Y es que uno de los elementos principales de esta nueva revolución industrial es la transformación digital que se está llevando a cabo en la mayoría de las industrias y sectores productivos.

En este sentido, resulta bastante reveladora la siguiente infografía sobre la evolución de las distintas industrias y sectores productivos y las principales carencias a las que se están enfrentando.

Gráfico 3

Evolución de los sectores productivos

INDUSTRIA	PUNTO DE PARTIDA	HACIA DÓNDE VA	PRINCIPALES CARENCIAS EN CAPACIDADES
Venta al por menor	Grandes superficies.	Omnicanal, personalización.	Integración de plataformas de comercio electrónico, cadena de suministros, análisis preductivo.
Automoción	SUV.	Transporte compartido, coches sin concductor.	Ingeniería de *software*, movilidad, IA.
Industrial	Material.	IoT, dispositivos conectados.	Sensores, *software*, análisis de datos, servicios en la nube.
Educación	Colegios y libros de texto.	Educación en línea, aprendizaje adaptativo.	Plataformas digitales, IA, móvil.
Tecnología	*Hardware y software*.	SaaS, soluciones en la nube, IA.	Producto, ingeniería, nuevas capacidades de lanzamiento al mercado.
Banca	Sucursales.	FinTech, móvil, *blockchain*.	Plataformas móviles, ciberseguridad, inversión y negociación algorítmica.
Sanidad	Medicamentos.	Medicina personalizada, atención relacionada.	Genómica, análisis de datos, *wearables*, dispositivos conectados.
Bienes de consumo envasados	Grandes marcas.	Relaciones personales con los consumidores.	Análisis de datos, comercio electrónico, cadena de suministro.

Fuente: Russel Reynolds.

En esta misma línea, un estudio reciente de McKinsey revela que la media de vida de las empresas que figuraban en Standard & Poor's 500 en 1958 era de 61 años. Hoy es de menos de 18.

McKinsey estima que, en 2027, el 75 % de las empresas que actualmente cotizan en S&P 500 habrá desaparecido: habrán sido compradas, se habrán fusionado o irán a la quiebra como Enron y Lehman Brothers. Algunas empresas parecen escapar de esta destrucción masiva. General Electric, ExxonMobil, Procter & Gamble y DuPont son algunas de las compañías más antiguas que cotizan en la Bolsa de Nueva York[16].

[16] Garelli, S., «Why you will probably live longer than most big companies», *IMD*, diciembre de 2016. Puede consultarse en https://www.imd.org/research-knowledge/articles/why-you-will-probably-live-longer-than-most-big-companies/#:~:text=A%20recent%20study%20by%20McKinsey,S%26P%20500%20will%20have%20disappeared

Sin embargo, las mayores capitalizaciones del mercado a día de hoy proceden de nuevas organizaciones que han hecho de la tecnología y la transformación digital su razón de ser: Apple, Alphabet, Meta, Microsoft o Amazon, compañías exponenciales que han convertido el cambio constante en su nueva zona de confort y compañías que están empezando a apostar fuertemente por tecnologías como el metaverso y la inteligencia artificial generativa que van a potenciar aún más la transformación digital de nuestra sociedad llevándonos desde una economía analógica a una economía digital.

4. LA TRANSFORMACIÓN DIGITAL: CONCEPTO Y VENTAJAS

Resulta complejo encontrar una definición unívoca de lo que podría entenderse hoy en día por transformación digital.

En su informe sobre el estado de la transformación digital de 2014, el grupo Altimeter la define como «el reajuste o la nueva inversión en tecnología y modelos de negocio para atraer más eficazmente a los clientes digitales en cada punto de contacto del ciclo de vida de la experiencia del cliente».

La consultora Íncipy, por su parte, considera que la transformación digital supone «la reorientación de toda la organización, hacia un modelo eficaz de relación digital en cada uno de los puntos de contacto de la experiencia del cliente»[17].

Telefónica, por su parte, la conceptualiza como «el realineamiento de tecnología, modelos de negocio y procesos, dirigido a entregar mayor valor a clientes y empleados para competir en la economía digital»[18].

De las anteriores definiciones, podemos extraer las dos principales características de la transformación digital, a saber:

(i) La experiencia de cliente es el principal factor de impulso de la transformación digital.

[17] Íncipy, *Transformación e Innovación Digital. Cómo innovar en nuevos modelos de negocio y en nuevas experiencias digitales de tus clientes*, 2015.

[18] Telefónica-Movistar, *15 ideas para la transformación digital de tu negocio*, 2017.

(ii) La tecnología es un medio, no un objetivo ni una estrategia. El objetivo de la digitalización es actualizar y mejorar la capacidad de las organizaciones para competir en la economía digital.

En definitiva, la transformación digital de la empresa implica una metamorfosis: cambiar los procesos tradicionales por procesos tecnológicos más eficientes, especialmente orientados a la experiencia del cliente y, por tanto, orientados a la accesibilidad a los productos y servicios desde cualquier lugar, en cualquier momento y desde cualquier dispositivo, especialmente los móviles o *smartphones*.

A lo anterior, creemos que hay que añadirle dos factores que resultan fundamentales para abordar un proceso de transformación digital:

(i) La transformación se inicia con una manera distinta de pensar en la que el liderazgo, la creatividad y la innovación tienen que estar presentes.
(ii) Ser digital es una oportunidad de dar a conocer esa personalidad única que una empresa posee.

Por otra parte, si bien la transformación digital de los modelos de negocio está generando un colapso en las estructuras de las organizaciones y en las cadenas tradicionales de suministros, creemos con Íncipy, que la misma constituye una oportunidad única para crear ventajas competitivas en una nueva economía digital y global ya que permite[19]:

(i) Redefinir la visión de la compañía, una visión más moderna y humanizada para atraer a los consumidores digitales. Es la oportunidad de crear organizaciones y marcas «con alma» y «con personalidad propia» que sean queridas por sus clientes.
(ii) Mejorar la experiencia del cliente. Rediseñar en todos los puntos de contacto con el cliente (*touchpoints*) una mejora de la experiencia, la cual debe tener como objetivo conseguir la participación, cocreación e interacción (*engage*)

[19] Íncipy, *op. cit.*

de consumidores y clientes con las marcas y organizaciones, lo cual, sin duda, revertirá en la mejora de los ingresos.

(iii) Mejorar la reputación y notoriedad de la empresa. Como comentábamos en el anterior punto, los clientes pueden relacionarse con nuestra empresa. Al recibir ese *feedback* tenemos la posibilidad de personalizar los mensajes. Así mejora la imagen de la empresa y la reputación de la misma.

(iv) Crear una nueva ventaja competitiva, nuevos productos o servicios que sean realmente singulares y excepcionales. Identificar nuevos modelos de negocio que aporten diversificación y crecimiento.

(v) Promover el trabajo en equipo y mejorar la colaboración interna, así como la mejora del empoderamiento (*empowerment*) de empleados y equipos.

(vi) Descentralizar el trabajo, aumentar la movilidad del equipo y facilitar la conciliación familiar de los empleados. Ya no hace falta estar en la oficina o empresa para recibir mensajes. Las nuevas tecnologías facilitan esa movilidad. Asimismo, también favorece la comunicación entre los empleados al margen del lugar donde se encuentren, y permite a las familias compatibilizar su vida profesional con la vida familiar.

(vii) Mejorar la eficiencia en todos los procesos internos de la cadena de valor: I+D, Producción, Comercialización, Marketing, RR.HH., Atención al cliente o consumidor, Calidad, Finanzas... así como en la estructura y los sistemas de gestión de la organización. De este modo se consigue:

a) Mejorar la productividad. Los procesos productivos evolucionan y son más eficaces. La empresa sigue manteniendo su canal tradicional, pero también va ganando protagonismo su canal digital.

b) Reducir los costes. Al mejorar la producción, se ahorra tiempo. Como consecuencia, se reducen los plazos de producción y se disminuyen errores en la misma.

Todo esto es sinónimo de reducción de los costes y de incremento de la competitividad empresarial.

(viii) Profundizar en el análisis de datos de todos los ámbitos de la compañía. Impulsar el *big data* para convertir los datos en conocimiento y en decisión: trabajar y decidir tomando como base la información, mediante analítica predictiva.

(ix) Mejorar la captación, conversión y fidelización de los clientes. La incorporación de nuevos canales, el conocimiento más profundo de los clientes y su participación impactará directamente en los ratios de captación, conversión y fidelidad.

(x) Impulsar una nueva cultura de innovación, en toda la organización.

(xi) Atraer a los nuevos talentos. Mostrarnos cómo una empresa adaptada a las necesidades tecnológicas fomentará el reconocimiento de nuestra marca y, en consecuencia, muchos profesionales querrán realizarse laboralmente con nosotros.

Como se puede apreciar las ventajas son ciertamente muy relevantes. Es más, aunque aquí nos hemos centrado, esencialmente, en las empresas, todas las anteriores ventajas resultan perfectamente aplicables al mundo de las Administraciones Públicas, de las universidades y, también, a las personas y su marca personal.

En resumen, esta Cuarta Revolución Industrial se caracteriza por el uso de una amplia gama de nuevas tecnologías que integran los existentes mundos físico, digital y biológico, transformando digitalmente nuestra sociedad, impactando en todas las disciplinas, economías e industrias, e incluso desafiando las ideas existentes sobre lo que significa el ser humano[20].

Frente a estos desafíos que se presentan en la frontera digital, las personas tendremos que estar preparadas a través de la formación para ser capaces de adaptarnos a esta nueva economía digital, iniciando nuestra propia transformación con una manera distinta de pensar en la que el liderazgo, la creatividad y la innovación tienen que estar presentes.

---

[20] DesdeLinux, *Cuarta Revolución Industrial: El papel del Software Libre en esta nueva era*, consultado el 13 de marzo de 2021 en https://blog.desdelinux.net/cuarta-revolucion-industrial-papel-software-libre-nueva-era/?utm_source=destacado-inside

5. EL IMPACTO DE LA TRANSFORMACIÓN DIGITAL EN LA ECONOMÍA: LAS CARACTERÍSTICAS DE LA NUEVA ECONOMÍA DIGITAL

5.1. Características de la economía digital

La crisis de la COVID-19, por suerte o por desgracia, ha sido un catalizador de transformación, en general, y de transformación digital, en particular, afectando a todo: a nuestra manera de trabajar, a nuestra manera de estudiar, a nuestra manera de relacionarnos, e incluso a nuestra manera de jugar o disfrutar de nuestro tiempo de ocio. En definitiva, ha acelerado aún más los procesos de la Cuarta Revolución Industrial que hemos descrito con anterioridad.

¿Quiénes le van a sacar partido? Quienes se den cuenta de que la economía ha cambiado totalmente. La economía ahora se caracteriza por varios adjetivos o grupos preposicionales que complementan a ese sustantivo y que conviene tener presentes. Así:

(i) Se trata de una economía digital, donde los activos se pueden convertir en ceros y unos y hacerse accesibles y distribuibles. Se pasa, por tanto, de los átomos a los bits. Ello supone pasar de la escasez a la abundancia.
(ii) Se trata de una economía basada en los datos, es decir, una economía en la que la información y su análisis cuantitativo y cualitativo generan un gran valor.
(iii) Se trata de una economía exponencial, con múltiples tecnologías disruptivas como la realidad virtual, la robótica, el IoT, el *blockchain*, el *big data* y la inteligencia artificial. Ello supone pasar de lo lineal a lo exponencial, es decir, de cambios sobre la base de una progresión aritmética a cambios sobre la base de una progresión geométrica, lo cual no siempre es sencillo de entender para la mente del ser humano.
(iv) Se trata de una economía de la automatización donde a través de la robótica y la inteligencia artificial todo lo que se pueda mecanizar y automatizar, se automatizará, y donde se eliminarán puestos de trabajo y tareas repetitivas que no aporten valor.

(v) Se trata de una economía de plataformas configuradas como pequeños Estados virtuales dentro del ciberespacio por ostentar características típicas de la configuración de los Estados como, por ejemplo, territorio, población, soberanía o moneda.

(vi) Se trata de una economía colaborativa donde gracias al uso de las TIC se facilita el contacto entre usuarios con intereses comunes y cuyo objetivo es adquirir, suministrar, intercambiar, alquilar, compartir o solicitar diversos productos o servicios, de tal forma que en esta transformación del mercado las personas son los actores primarios de la economía, y las compañías pasan a un segundo plano como intermediarios que facilitan el contacto[21].

(vii) Se trata de una economía de la atención en la que las diversas plataformas se pelean por capturar lo más valioso que tenemos, nuestro tiempo, para dejar en ellas nuestros datos y así puedan conocernos mejor[22].

(viii) Se trata de una economía de la experiencia donde lo más importante ya no es la propiedad de las cosas, sino el acceso a las mismas a través de experiencias transformadoras.

(ix) Se trata de una economía criptográfica en la nube donde se prima el valor sobre el precio y en la que con la tokenización de activos y la tecnología *blockchain* se pretende

---

[21] Caballero Martínez, J., *op. cit.*, p. 123.

[22] En este sentido, resulta muy revelador el documental de Jeff Orlowski titulado *El Dilema Social* y emitido por Netflix en el año 2020. En dicho documental expertos de Silicon Valley rebelan que todas las estrategias de los gigantes tecnológicos están enfocadas en captar y mantener nuestra atención. Trabajan primero en atraernos a la red, y una vez que estamos ahí, hacen todo para que permanezcamos el mayor tiempo posible y que, de alguna manera, nos hagamos «adictos». Así, nos hacen atractivo y sumamente fácil dar información sobre quiénes somos, qué nos gusta, qué hacemos cotidianamente, qué comemos, a dónde vamos, quiénes son nuestros amigos y familiares, en quién confiamos, cuáles son nuestros gustos e intereses, a qué le tenemos miedo, qué nos emociona, qué nos preocupa, y un largo etcétera. Y, finalmente, ordenan toda nuestra información en enormes bases de datos de las que, a través de complejos algoritmos, les es posible extraer casi cualquier cosa de nosotros: clasificarnos, organizarnos, predecir nuestras reacciones y, muy especialmente, persuadirnos de hacer casi cualquier cosa. A este respecto, véase Gómez Pérez, M., «Cautivos en la red. El impacto del metaverso en el derecho de acceso a la información y la protección de datos personales», *IUS ET SCIENTIA*, vol. 7, n.º 2, 2021, pp. 88-95. Puede consultarse en https://revistascientificas.us.es/index.php/ies/article/view/19845

cambiar radicalmente el sistema económico y financiero a través de la desintermediación. En definitiva, nos encontramos ante una *token* economía.

(x) Y se trata de una economía de la incertidumbre en la que, como consecuencia de cisnes negros como la COVID-19 o, más recientemente, de la vuelta a la guerra en Europa con la invasión de Rusia a Ucrania, nos hace movernos en lo que la *United States Army War College* definió como entornos VUCA, es decir, llenos de volatilidad (*volatility*), incertidumbre (*uncertainty*), complejidad (*complexity*) y ambigüedad (*ambiguity*) y que recientemente se han rebautizado como entornos BANI, que dan cuenta de un mundo frágil (*brittle*), ansioso (*anxious*), no lineal (*nonlinear*) e incomprensible (*incomprehensible*).

En definitiva, nunca fue más cierto lo que decía HERÁCLITO DE ÉFESO de que todo fluye, todo cambia. Se ha pasado de lo sólido, caracterizado por ser permanente, con formas definidas y de límites fácilmente definibles, a lo líquido en el sentido de que los líquidos se transforman, cambian, no perduran y son de límites difusos.

5.2. RETOS Y DESAFÍOS DE LA ECONOMÍA DIGITAL

El impacto de la transformación digital y la adopción de las últimas tecnologías en el producto interior bruto es difícil de medir de forma directa, pero se espera que su adopción masiva impulse el crecimiento económico a largo plazo, a través de la mejora en la productividad, la creación de nuevos mercados y el fomento de la innovación.

En definitiva, esta nueva economía digital que permite convertir en ceros y unos cualesquiera tipos de activos haciéndolos accesibles y distribuibles, presenta características distintas a la economía analógica, entre las que destacan:

(i) La desmaterialización de bienes y servicios, que se convierten en información y datos que pueden ser almacenados, procesados y transmitidos digitalmente.

(ii) La velocidad y escalabilidad, ya que las tecnologías digitales permiten realizar transacciones y procesos de forma más rápida y eficiente, y llegar a un número mayor de usuarios sin limitaciones geográficas.
(iii) La personalización y adaptabilidad, pues los bienes y servicios digitales pueden ser ajustados a las necesidades y preferencias específicas de cada usuario.
(iv) La interconexión y la interdependencia, ya que la economía digital se basa en la colaboración y el intercambio de información entre individuos, empresas y gobiernos.

Como el lector se imaginará rápidamente, estas características tienen implicaciones importantes en la forma en que se crea y distribuye el valor en la economía, y en la manera en que se organizan y gestionan las empresas y los mercados.

De ahí que el papel de los gobiernos vaya a resultar crucial en este proceso de transición hacia la economía digital, sobre todo tras la sorprendente aparición en los últimos meses de inteligencias artificiales generativas como ChatGPT o Midjourney que, si bien muestran una creatividad, eficiencia y productividad deslumbrantes, también están disrumpiendo nuevamente nuestra sociedad y nuestros mercados a una velocidad imparable pudiendo poner en riesgo muchos puestos de trabajo, aumentando la brecha digital y polarizando a la sociedad.

Y es que, en efecto, las instituciones y gobiernos, amparados en esa fuerza transformadora que es el Derecho, deben ayudar a la sociedad a llevar cabo una transición amable a esta economía digital equilibrando el impulso de la misma con la dignidad del ser humano.

De este modo, algunas de las acciones que podrían desplegarse para impulsar esta transformación incluirían:

(i) Invertir en infraestructuras digitales, como redes de banda ancha y tecnologías de la información y comunicación, para garantizar el acceso y la conectividad a nivel nacional.
(ii) Implementar políticas de educación y formación orientadas al desarrollo de habilidades digitales y competencias necesarias en la nueva economía.

(iii) Fomentar la investigación, el desarrollo y la innovación en tecnologías disruptivas y emergentes, mediante la creación de centros de investigación y el apoyo a la colaboración entre universidades, empresas y organismos públicos.
(iv) Establecer marcos regulatorios que promuevan la competencia, protejan la privacidad y la seguridad de los datos, y garanticen la inclusión y equidad en el acceso a los beneficios de la economía digital.
(v) Diseñar políticas de empleo y protección social que aborden los desafíos derivados de la automatización y la transformación del mercado laboral, como la creación de empleos de calidad, la reducción de la brecha de ingresos y la adaptación a nuevas formas de trabajo.

En definitiva, estas características de la nueva economía plantean una serie de retos y desafíos éticos y legales que deberán ser abordados por los supervisores y los gobiernos, pudiendo destacarse a este respecto el liderazgo normativo de la Unión Europea con el objetivo último de poner la dignidad del ser humano en el centro frente a un desarrollo sin control y sin valores de estas tecnologías disruptivas y exponenciales. Y es que nada mejor que la seguridad jurídica para combatir la incertidumbre[23].

Por ser más concretos, en materia de riesgos y retos relacionados con la inteligencia artificial debemos empezar señalando que mientras que algunos de estos riesgos nacen de la acción humana, como, por ejemplo, el desarrollo de algoritmos que doten de capacidad inteligente a las máquinas; otros riesgos nacen de las regulaciones geopolíticas de los Estados. Lo que sí está claro es que, independientemente del origen, todos estos nuevos riesgos que se plantean están relacionados entre sí y el deber de la sociedad es asumirlos buscando la mejor solución posible.

En particular, y por ser más precisos, podemos distinguir los siguientes riesgos[24]:

---

[23] Tapscott, D., *The Digital Economy: Promise and Peril In The Age of Networked Intelligence*, McGraw-Hill, Nueva York, 1996.

[24] Navarro, E., *Inteligencia artificial aplicada al derecho*, Apuntes del Certificado Profesional en Legal Tech en la Era Digital del MIT Professional Education en colaboración con ESADE, 2022.

(i) Vulneración de derechos fundamentales como la privacidad y protección de datos: muchas herramientas de inteligencia artificial se entrenan y procesan conjuntos de datos para identificar patrones. Esto plantea desafíos legales cuando la información utilizada para el entrenamiento contiene datos personales o información confidencial y no se establecen medidas efectivas para proteger estos datos. Este problema, como veremos luego, es especialmente sensible en el desarrollo de herramientas con aplicaciones sanitarias y de detección de enfermedades que procesan datos de pacientes.

(ii) Titularidad: el modelo de titularidad de los datos es otro de los retos a los que se enfrentan los desarrolladores de las herramientas dedicadas a la extracción de datos y gestión de documentos. Es un problema circular, sin datos no hay inteligencia artificial, pero una vez que los datos se incorporan al entrenamiento deja de poder preservarse y garantizarse la titularidad de los mismos.

(iii) *Black box*: algunas técnicas de *machine learning*, aunque muy efectivas desde el punto de vista de la precisión de los modelos, son extremadamente opacas en cuanto a la comprensión sobre cómo toman las decisiones. Este concepto se denomina *black box* (caja negra). En particular hace referencia a los escenarios donde no es posible identificar las razones que han llevado a tomar ciertas decisiones.

(iv) Sesgo intrínseco de los algoritmos: se trata de la producción de resultados sesgados y, potencialmente, discriminatorios debido a la programación del algoritmo o del uso de datos no representativos.

Este es el gran caballo de batalla en el ámbito de la tecnoética. Este problema afecta a programas de reconocimiento facial utilizados por la policía para identificar a personas involucradas en la comisión de un delito, programas que determinan la concesión de préstamos o promociones dentro de una empresa. De alguna forma u otra penalizan y contienen prejuicios de género o contra una determinada raza.

(v) Pérdida de control: las herramientas de inteligencia artificial son susceptibles de comportarse de manera impredecible e irracional, como ocurre con los *flash crashes* o las *selling spirals* que ya están afectando a los mercados financieros.

(vi) Uso malintencionado: otro gran riesgo, tiene que ver con el uso que se da a la inteligencia artificial. Esto es especialmente delicado en el ámbito militar, ante la posibilidad de que drones letales autónomos sean utilizados, por ejemplo, con fines terroristas o incluso en guerras como la que está ocurriendo mientras escribo estas líneas tras la invasión de Ucrania por parte de Rusia.

Los ciberataques son también un área de preocupación. Además, también hemos visto el poder de los *bots* en redes sociales, siendo capaces de influir y manipular de forma decisiva en elecciones y polarizar la opinión pública. Este riesgo será difícil de controlar y requerirá una gran labor de *enforcement* y supervisión por parte del legislador y de las empresas privadas.

El poder de ciertas empresas tecnológicas, como Meta y X (antes Twitter) para canalizar contenido y manipular la opinión pública, hace que sus principios y sistemas para controlar el contenido sean esenciales.

En definitiva, los Estados necesitan necesariamente la colaboración de las grandes empresas tecnológicas, para mantener el uso de la inteligencia artificial dentro de usos adecuados.

Por supuesto, todo lo anterior no es ajeno al ámbito sanitario y de la salud, más si tenemos en cuenta, tal y como hemos señalado con anterioridad, que precisamente una crisis sanitaria mundial como la del coronavirus ha sido la que ha dado el último impulso a la transformación digital.

6. LA TRANSFORMACIÓN DIGITAL DEL SECTOR SANITARIO

6.1. Contexto

La transformación digital es un fenómeno que se extiende más allá de cualquier sector industrial o comercial, y el ámbito de la sanidad no es una excepción. De hecho, la salud es uno de los sectores que más puede beneficiarse de la adopción de tecnologías digitales, dadas las implicaciones que tiene para la calidad de vida de las personas y la eficiencia de los sistemas sanitarios.

En efecto, en las últimas décadas, el sector sanitario ha experimentado cambios significativos en su operación y gestión, muchos de los cuales están impulsados por avances en tecnología digital. La transformación digital no es simplemente una tendencia pasajera, sino una necesidad imperante que impacta directamente en la calidad de la atención médica y en la eficacia en la gestión hospitalaria. A pesar de los desafíos éticos, de seguridad y de implementación que esta transformación conlleva, su influencia en la mejora de diagnósticos, tratamientos y en la administración de recursos es innegable.

La digitalización ha llegado a desempeñar un papel crucial, desde la recopilación de datos médicos electrónicos hasta la telemedicina y la utilización de inteligencia artificial para el análisis predictivo en la toma de decisiones clínicas.

En este contexto, en las siguientes páginas analizaremos cómo la transformación digital está reconfigurando el panorama del sector sanitario, entendiendo sus características, destacando especialmente la importancia que ha cobrado la experiencia del paciente y describiendo someramente las principales tecnologías que están impactando en el ámbito sanitario, para profundizar en el capítulo siguiente en la relevancia que va a adquirir el uso de la inteligencia artificial en el mismo.

6.2. Particularidades y características de la transformación digital en el sector sanitario: la experiencia del paciente

El sector sanitario se distingue por una serie de particularidades que hacen que su transformación digital sea única. En primer lugar, es un sector altamente regulado, donde la seguridad y la privacidad de los datos son fundamentales. Además, se trata de un campo donde la toma de decisiones puede tener consecuencias de vida o muerte, lo que añade una capa adicional de complejidad.

Por otro lado, el sector sanitario es interdisciplinario por naturaleza, involucrando a médicos, enfermeras, administradores, y otros profesionales de la salud, así como a pacientes. Esto significa que cualquier estrategia de transformación digital debe ser integral, considerando las necesidades de todos los *stakeholders*.

Dicho lo anterior, en esta nueva economía digital, la principal característica de la transformación del sector sanitario no es otra que la mejora constante de la experiencia del paciente.

Así las cosas, la adopción de nuevas tecnologías no solo mejora la eficiencia y la efectividad de la atención médica, sino que también pone más poder en manos de los pacientes, permitiéndoles ser participantes más activos en su propio bienestar.

De este modo, a continuación, se describen algunos de los supuestos en que la tecnología está redefiniendo la experiencia del paciente:

(i) Acceso a información y transparencia: la digitalización ha democratizado el acceso a la información médica. Los pacientes ya no son simples receptores pasivos de atención médica; ahora tienen acceso a una abundancia de recursos en línea, incluidos registros médicos electrónicos, que les permiten estar mejor informados sobre su salud. La transparencia en los tratamientos y costes también contribuye a una mayor confianza en el sistema de atención médica.

(ii) Atención personalizada: como veremos en detalle en el próximo capítulo, gracias a la inteligencia artificial y al *big data*, es posible crear perfiles de pacientes mucho más detallados. Esto permite una atención más personalizada, donde los tratamientos y los planes de atención pueden adaptarse específicamente a las necesidades individuales del paciente.

(iii) Interacción continua y monitoreo: los dispositivos *wearables* y el Internet de las cosas médicas permiten un seguimiento continuo del estado de salud del paciente. Esto no solo permite intervenciones médicas más oportunas, sino que también facilita que los pacientes se involucren de manera proactiva en su propio cuidado.

(iv) Facilidad en la comunicación: la telemedicina y las plataformas de comunicación digital hacen que interactuar con los profesionales médicos sea más fácil que nunca. Las consultas pueden llevarse a cabo en la comodidad del hogar del paciente, lo que es particularmente útil para aquellos con movilidad reducida o que viven en áreas rurales.

(v) Menor tiempo de espera y mayor comodidad: la automatización y la robótica están reduciendo significativamente los tiempos de espera, ya sea para una consulta médica, para recibir resultados de pruebas o para someterse a procedimientos quirúrgicos. Las recetas médicas, por ejemplo, pueden enviarse electrónicamente a las farmacias, lo que ahorra tiempo y aumenta la comodidad para los pacientes.

(vi) Empoderamiento del paciente: las aplicaciones y plataformas en línea no solo permiten la reserva de citas y la consulta de informes médicos, sino que también ofrecen foros y comunidades donde los pacientes pueden compartir experiencias y consejos. Esto crea un entorno de apoyo que empodera a los pacientes a tomar decisiones más informadas.

En definitiva, la tecnología está haciendo que la atención médica esté centrada en el paciente más que nunca antes. A medida que los pacientes se convierten en consumidores más informados y empoderados de los servicios de salud, el enfoque en la experiencia del paciente se vuelve crucial para cualquier estrategia de transformación digital en el sector sanitario. Sin embargo, y como veremos más adelante, esta transformación también plantea desafíos, incluidas las preocupaciones sobre la privacidad y la seguridad de los datos, que deben abordarse cuidadosamente para mantener la confianza del paciente en estas nuevas herramientas.

6.3. Tecnologías impulsoras

La transformación digital en el sector de la salud y la mejora de la experiencia del paciente no serían posibles sin la implantación de las últimas y más disruptivas tecnologías.

En este sentido, las tecnologías que están suponiendo un antes y un después en este ámbito son, entre otras las siguientes:

(i) *Big data*: en la salud, el *big data* se presenta como una oportunidad sin precedentes para mejorar la atención médica. Los hospitales y clínicas generan enormes cantidades de datos: historiales médicos, resultados de pruebas, imágenes médicas, etc. Estos datos, cuando se analizan y se interpretan correctamente, pueden ofrecer *insights* valiosos para el diagnóstico precoz, la prevención de enfermedades y la personalización de tratamientos.

Por ejemplo, el *big data* puede ayudar a identificar patrones que anticipen un brote epidémico, permitiendo una intervención temprana. También se puede utilizar para optimizar la gestión hospitalaria, desde la asignación de recursos hasta la predicción de ingresos hospitalarios.

(ii) La inteligencia artificial: esta tecnología está mostrando un enorme potencial en el sector sanitario. Algoritmos de aprendizaje automático pueden ayudar en el diagnóstico de enfermedades con una precisión que rivaliza con la de los expertos humanos. Sistemas de inteligencia artificial como *chatbots* médicos ya están ofreciendo consultas preliminares en línea, facilitando el trabajo de los profesionales médicos.

También está la robótica asistida por inteligencia artificial que se usa en cirugías, permitiendo una precisión que supera las capacidades humanas.

De igual modo, la inteligencia artificial está impulsando la medicina personalizada, permitiendo tratamientos más adaptados al perfil genético y médico del paciente.

(iii) IoT: el IoT en la medicina ha dado lugar a lo que se conoce como Internet de las cosas médicas. Este ecosistema conecta dispositivos médicos a Internet para recoger y transmitir datos. Por ejemplo, monitores de constantes vitales pueden enviar datos en tiempo real a los profesionales de la salud, lo que permite una mejor supervisión y respuestas más rápidas en situaciones críticas.

(iv) *Wearables* médicos: dispositivos como relojes inteligentes y monitores de actividad no solo rastrean la actividad física, sino también parámetros como ritmo cardíaco, niveles de oxígeno en sangre y calidad del sueño. Estos datos pueden ser de gran utilidad para los profesionales médicos a la hora de diagnosticar y tratar diversas condiciones.

(v) Realidad virtual y realidad aumentada: estas tecnologías tienen aplicaciones en la formación médica, cirugía asistida, rehabilitación y tratamiento del dolor crónico, entre otros. Por ejemplo, los cirujanos pueden practicar procedimientos en entornos virtuales antes de realizar cirugías reales, lo que contribuye a reducir los riesgos asociados con errores humanos.

(vi) *Blockchain*: el *blockchain* tiene el potencial de resolver muchos problemas relacionados con la seguridad y la transparencia en el sector sanitario. Podría asegurar la integridad de los registros médicos, facilitar el consentimiento informado y ayudar en la trazabilidad de la cadena de suministro de medicamentos.

(vii) Telemedicina: la telemedicina ha demostrado ser invaluable, especialmente en tiempos de pandemia. Permite a los médicos y pacientes comunicarse en tiempo real a través de plataformas en línea, lo que facilita las consultas médicas sin la necesidad de desplazamiento.

Cada una de estas tecnologías no solo ofrece formas más eficientes de proporcionar atención médica, sino que también tiene el potencial de cambiar fundamentalmente la manera en que entendemos y abordamos la salud y el bienestar en la sociedad.

Sin embargo, su adopción implica, sin duda alguna, desafíos éticos y legales significativos como, por ejemplo:

(i) El riesgo de una brecha digital en la atención sanitaria. Es decir, que aquellos con acceso a estas tecnologías reciban una atención significativamente mejor que los que no lo tienen.

(ii) Y, lo más importante a efectos de este trabajo, la adopción del *big data*, en general, y de la inteligencia artificial, en particular, conlleva riesgos relevantes para derechos fundamentales de los pacientes como la conculcación de la privacidad y seguridad de sus datos.

2

LA INTELIGENCIA ARTIFICIAL EN EL ÁMBITO SANITARIO: CASOS DE USO

1. EL *BIG DATA* COMO HABILITADOR DE LA INTELIGENCIA ARTIFICIAL

En la era de la información, el término *big data* se ha convertido en un pilar esencial para múltiples disciplinas y sectores, abarcando desde la investigación científica hasta la toma de decisiones empresariales. Simultáneamente, la inteligencia artificial ha experimentado avances significativos en los últimos años, ofreciendo capacidades que antes se creían exclusivas de los seres humanos, como el aprendizaje, el razonamiento y la resolución de problemas. Sin embargo, el vínculo inherente entre el *big data* y la inteligencia artificial no siempre se explora en profundidad.

La conexión entre el *big data* y la inteligencia artificial se hace evidente cuando consideramos que la inteligencia artificial, en particular el aprendizaje automático, se nutre de grandes cantidades de datos para entrenar modelos más precisos y efectivos. Los algoritmos de aprendizaje automático requieren datos para aprender patrones, hacer predicciones o tomar decisiones. Sin una cantidad sustancial de datos de alta calidad, incluso los algoritmos más avanzados tendrían un rendimiento deficiente en sus tareas asignadas.

De este modo, podemos entender la relación entre el *big data* y la inteligencia artificial como una especie de simbiosis en la cual los algoritmos aprenden de los datos, y estos datos se generan, clasifican y almacenan gracias a algoritmos cada vez más avanzados. Se trata, por ende, de un ciclo virtuoso donde cada componente potencia al otro. Los grandes volúmenes de datos proporcionan el «terreno fértil» donde las semillas de la inteligencia artificial pueden germinar y prosperar. A su vez, la inteligencia artificial facilita la gestión y análisis de grandes conjuntos de datos, transformando un amasijo de información en *insights* significativos y aplicables.

Lo anterior también lo tienen claro los supervisores y reguladores. Así, por ejemplo, lo afirma la Agencia Española de Protección de Datos en su guía *Adecuación al RGPD de tratamientos que incorporan IA. Una introducción*, cuando señala que la inteligencia artificial es considerada como una forma más de tratamiento de datos[1].

Así las cosas, en el presente capítulo explicaremos, en primer lugar, en qué consiste el *big data* y cómo es necesario para habilitar a los sistemas de inteligencia artificial; en segundo lugar, abordaremos los principales conceptos técnicos y la historia de la inteligencia artificial; y, finalmente, detallaremos los distintos casos de uso de la inteligencia artificial existentes en el ámbito sanitario.

2. COMPRENDIENDO EL *BIG DATA*

2.1. UN POCO DE HISTORIA

Actualmente, términos como *big data*, inteligencia artificial y robótica están en boca de todos, pero antes de aprender los conceptos debemos estudiar primero cuál es el origen de los mismos.

En este sentido, puede afirmarse que está en la idiosincrasia del ser humano el almacenaje de datos. En efecto, durante siglos el ser humano

[1] Véase la mencionada guía en el siguiente enlace: https://www.aepd.es/guias/adecuacion-rgpd-ia.pdf

ha tratado de almacenar, primero lo físico y ahora lo digital. El objetivo siempre ha sido similar: almacenamos con el propósito de organizar nuestros recursos y optimizar la forma en la que accedemos a ellos[2].

De este modo, el primer hito de almacenamiento de datos se produce hace más de 20.000 años cuando nuestros antepasados pintaban los techos de las cuevas en las que vivían no solo para recordar eventos, sino también como base de la narrativa que permitió transmitir sus historias a las siguientes generaciones.

En consecuencia, y para evitar la tendencia a olvidar, inherente a la naturaleza humana, hemos buscado mecanismos para guardar lo que nos interesa y poder recuperarlo más tarde, curiosamente utilizando formas similares las que usa nuestro propio cerebro, para almacenar y recuperar información.

En igual sentido, no debemos obviar un hecho tan relevante como la aparición de la escritura. Esta fue cambiando de soporte hasta que encontró en el papel su medio natural, y que ha sido fundamental para almacenar y preservar desde nuestros pensamientos hasta los sucesos que acontecieron.

Finalmente, es con el desarrollo de la informática comenzado a mediados del siglo XX cuando se produjo una auténtica revolución en la forma de almacenar datos.

2.2. CONCEPTOS BÁSICOS

A fin de entender una tecnología tan importante como el *big data* lo primero que tenemos que hacer es asentar una serie de conceptos básicos[3], a saber:

(i) Dato: a la hora de definir el dato podemos hacerlo de dos maneras:

a) Información sobre algo concreto que permite su conocimiento exacto o sirve para deducir las consecuencias derivadas de un hecho.

---

[2] VIVANCOS, D., *Big Data. Hacia la inteligencia artificial*, The Valley Digital Business School, 2016, p. 13.

[3] VIVANCOS, D., *op. cit.*, p. 33.

b) Información dispuesta de manera adecuada para su tratamiento por una computadora.

(ii) *Big data*: también pueden aportarse dos definiciones:

a) Desde la perspectiva del tamaño de los datos, puede definirse como una cantidad tan grande de datos que no caben en una sola máquina, que se producen de una forma muy rápida y que, en ocasiones, también es necesario procesarlos e interpretarlos en tiempo real.
b) Desde la perspectiva puramente tecnológica, puede definirse como un conjunto de tecnologías y procesos que están permitiendo capturar y almacenar cantidades ingentes de datos de diversos orígenes y tipologías, siendo la base tanto de la digitalización masiva del mundo analógico, como del almacenamiento de los propios datos generados en el mundo digital.

(iii) Analítica: esa ingente cantidad de datos del *big data* se traduce en información gracias a la analítica que, por ende, puede definirse como los procesos matemáticos y estadísticos que permiten convertir los datos, provenientes o no del *big data*, en información práctica.
(iv) Algoritmo: es el conjunto de reglas que, aplicada sistemáticamente a unos datos de entrada apropiados, resuelven un problema en un numero finito de pasos elementales.

Así, un algoritmo podría ser una receta de cocina o las instrucciones para fabricar un avión de papel a partir de un folio.

Los algoritmos tienen una entrada (*input*) y una salida (*output*), entre ambas están las instrucciones: la entrada podría ser la carne picada, el tomate, las láminas de pasta y la salida la lasaña perfectamente gratinada.
(v) Inteligencia artificial: sin perjuicio de que se analice en más detalle en el siguiente epígrafe, consiste en la simulación en un entorno de computación de los diferentes

procesos que definen la inteligencia humana, así como otros que pueden mejorarla o incluso extenderla con nuevas capacidades.

Así las cosas, es cierto que entre los siglos XIX y XX existieron, en el campo de las matemáticas, importantes profesionales que destacaron en el desarrollo del cálculo y del álgebra matricial. Sin embargo, no fue hasta la llegada de la informática cuando se pudo extraer el verdadero potencial de los datos que se almacenaban. Es más, el principal uso de los primeros ordenadores fue precisamente este, el almacenamiento y la interpretación de los datos. Posteriormente, además de capturar los datos, almacenarlos y extraer la información práctica de ellos, estos datos se utilizarían para automatizar procesos y así mejorar nuestra eficiencia y productividad. Todo lo cual dio lugar al nacimiento de la inteligencia artificial, que tiene el objetivo último de optimizar nuestro tiempo.

2.3. LAS VS DEL *BIG DATA*

De manera muy gráfica, los expertos en *big data* consideran que esta tecnología se caracteriza a través de cinco Vs[4]:

(i) Volumen: no existe una cantidad de datos a partir de la cual se considere *big data*. Sin embargo, podríamos decir que el volumen de datos que maneja esta técnica sería de muchos *Terabytes* o *Petabytes*.

Imaginemos, por ejemplo, los datos de actividad de una empresa. El volumen de los datos que una empresa de tamaño mediano utiliza oscila y puede alcanzar cientos de *Gigabytes*. Esa información, por tanto, no se considera *big data*. De hecho, una empresa que almacene esta cantidad de datos no utiliza la tecnología *big data*.

Sí se utiliza, en cambio, por organizaciones muy grandes como, por ejemplo, las empresas de comercio electró-

[4] VIVANCOS, D., *op. cit.*, pp. 33-42.

nico, las entidades financieras y los hospitales ya que generan enormes cantidades de datos.

(ii) Velocidad: los datos utilizados en *big data* se trabajan a mayor velocidad que los trabajados en bases de datos tradicionales.

De ese modo, el *big data* se ocupa de datos que se generan en tiempo real, o incluso a velocidad superior de un dato por segundo.

Un ejemplo de ello son las transacciones que se llevan a cabo en la Bolsa de Nueva York en un día, donde las operaciones se realizan en menos de un nanosegundo.

De igual forma, Internet se ha convertido, sin duda, en el mayor motor de generación de contenidos y, por ende, en el gran generador de datos a gran velocidad. Así, en un minuto se envían más de 2.000 millones de *e-mails*, se realizan más de cuatro millones de búsquedas en Google o se suben una media de 300 horas de vídeo a YouTube.

(iii) Variedad: si alguna vez ha trabajado con una base de datos podrá comprobar que, en su mayoría, los datos que contiene son texto y números, a menudo, relacionados entre sí en una base de datos relacional.

En el caso del *big data* no se trabaja solo con textos y números, sino que los datos son más variados. De ese modo, el *big data* trabaja con fotografías, vídeos, audio, series de datos temporales, y muchos otros tipos de datos, debiendo tenerse en cuenta que, a menudo, estos datos son no estructurados como puede ocurrir por ejemplo con el contenido que se genera en un blog, o en TikTok o X (antes Twitter)[5].

(iv) Veracidad: se trata de la integridad de los datos. Estos datos y, en definitiva, la información será más veraz siempre y cuando el programa que registre los datos no esté comprometido. Partiendo de esta premisa, sí podremos

[5] A diferencia de aquellos datos contenidos en bases de datos relacionales (clientes, ventas, productos…) que son, por lo general, datos estructurados, la cualidad de no estructurado consiste en que los datos no siguen una línea lógica y no tienen una estructura interna identificable.

afirmar que, a mayor información, más fácil resultará que la misma pueda ser verificada como información veraz.

Ello, no obstante, debido a la infoxicación que se vive hoy en día, así como a la dificultad existente de contrastar las fuentes y de curar dicha información, conviene siempre andar con cuidado a fin de no ser manipulados con noticias falsas o *fake news* que puedan contaminar nuestras bases de datos.

(v) Valor: el valor del *big data* está unido a la ventaja que podamos obtener de los datos, además del propio valor que los datos poseen.

Sin embargo, el verdadero valor del *big data* radica en la conversión de los datos a información práctica a través de la analítica.

De este modo, si se utiliza correctamente esta tecnología, las empresas podrían conocer mejor a sus clientes, optimizar procesos, ofrecerles publicidad asociada a sus gustos, en definitiva, mejorar la competitividad.

Es aquí donde se puede entender claramente por qué se considera a los datos como el petróleo del siglo XXI pues resulta claro que el *big data* sería el equivalente a la extracción de la materia prima mientras que la analítica (esto es, la aplicación de algoritmos sobre los datos) supondría la acción de refinar esos datos a fin de darles un valor añadido en el mercado, constituyendo muchas veces, además, el paso previo para la creación de una inteligencia artificial.

2.4. ELEMENTOS FUNDAMENTALES DEL *BIG DATA*

Junto con los datos, la tecnología *big data* requiere de tres elementos fundamentales para asegurar que dispondrá de la capacidad suficiente para proveer los servicios[6]:

[6] VIVANCOS, D., *op. cit.*, pp. 53-58.

(i) Sistema de almacenamiento: este sistema es la infraestructura, física y lógica, necesaria para almacenar de manera eficiente las enormes cantidades de datos que sirven de fuente para el *big data.*

No solo la cantidad es importante, también lo es la velocidad de estos sistemas. Una vez más, no nos sirven las estructuras de los sistemas tradicionales de almacenamiento.

Comenzando por el *hardware*, se desarrollaron nuevas formas de estructura para conseguir el almacenamiento utilizando muchos servidores con poca capacidad de forma individual; pero con enorme capacidad de forma conjunta.

El *software* tradicional tampoco servía para los fines del *big data*, por ello se crearon nuevos gestores de datos como puede ser Hadoop.

(ii) Sistema de procesamiento: resulta necesario extraer información inteligente a partir del *big data*, por ello no solo debemos ser capaces de almacenar los datos, sino también de realizar cálculos y operaciones matemáticas partiendo de los mismos.

(iii) Sistema de comunicación: este último sistema es clave para el efectivo funcionamiento y utilidad de los otros dos anteriores. Y es que, tanto para poder almacenar datos, como para poder acceder a ellos, resulta necesario una infraestructura de red.

2.5. Principales aplicaciones de la analítica de datos

Una de las claves del *big data* es la utilización de la analítica y la estadística. Gracias a su uso podemos interpretar la cantidad ingente de datos, obtener información y, en definitiva, sacarle provecho para que sea utilizada en nuestro favor.

La analítica trata de ahondar en los datos para así encontrarles un sentido e interpretarlos. A partir del análisis de dichos datos podemos comprender cuestiones que eran desconocidas. Somos capaces de conocer la situación de un determinado elemento (imaginemos, las ventas de una compañía), también podremos conocer las razones por las que sucede, así como predecir el futuro más cercano, a partir de los datos, para prepararnos y anticipar decisiones.

Todo ello ha generado la proliferación de nuevos profesionales que ahora se requieren para interpretar los datos (*Data Scientist*), así como para adoptar decisiones estratégicas con respecto a los mismos (*Chief Data Officer*).

Las aplicaciones de la analítica, en una empresa, se dan en multitud de áreas. De hecho, la analítica se puede aplicar prácticamente a todos los departamentos de una compañía, con independencia de su sector o rama de actividad. Por ejemplo, se pueden aplicar a las ventas, *marketing*, experiencia de clientes, riesgo financiero, y muchas más.

De entre todas, podemos decir que, en el área de experiencia del cliente, la analítica está jugando un papel más importante. Así, en la actualidad y gracias al *big data* podemos conocer a cada cliente de manera individual, entendiendo más allá de una compra aislada y haciendo proyecciones al futuro, además de descubrir patrones de comportamiento de los clientes.

Ahora bien, las empresas no son las únicas que se pueden beneficiar de esta tecnología, sino también los particulares. Pensemos, por ejemplo, en los datos recogidos por nuestros dispositivos *wearables* como un reloj inteligente que mide tus constantes vitales, entre otras cosas. También es gracias al *big data*, que a partir de datos de salud conseguidos por medio de medidores puede conseguir el diagnóstico precoz de enfermedades.

2.6. LOS ERRORES MÁS HABITUALES EN RELACIÓN CON EL *BIG DATA*

Para concluir esta aproximación al *big data* queremos advertir de los errores más habituales al hablar de esta disciplina[7]. Así:

(i) *Big data* solo son más datos: esto no es cierto. El *big data* es mucho más; el *big data* es un cambio de paradigma con

[7] VIVANCOS, D., *op. cit.*, pp. 103-105.

consecuencias en varios niveles: empresarial, individual, incluso al nivel de la Administración.

(ii) Las bases de datos tradicionales son suficientes para el *big data*: tampoco es cierto ya que las bases tradicionales están optimizadas y preparadas para datos estructurados mientras que, en un *big data* los datos no están estructurados, sino distribuidos.

(iii) La analítica predictiva permite predecir el futuro: la analítica trata de predecir, pero no de predecir un único futuro, sino múltiples posibles futuros. Es decir, genera posibles escenarios de situaciones que se pueden o no producir, con una probabilidad mayor o menor.

(iv) La inteligencia artificial no está relacionada con el *big data*: más bien todo lo contrario como ya hemos explicado al comenzar este capítulo. El *big data* es uno de los grandes habilitadores de la actual explosión de inteligencia artificial.

Así, el concepto de inteligencia artificial consiste en que son las máquinas las que aprenden, con o sin interacción del ser humano.

En este caso sería el *big data* el que alimenta a la máquina con respecto a los contenidos que debe aprender.

De este modo, el surgimiento de la inteligencia artificial se produce gracias a la combinación de varios elementos: el primero de ellos el *big data* que constituye el contenido que la máquina observa y adopta, aprendiendo de ellos; en segundo lugar, el aumento de la velocidad de computación, pues es necesario que la máquina aprenda rápidamente; y la existencia de algoritmos que simulan el funcionamiento de un cerebro humano dentro de una máquina.

(v) La inteligencia artificial es solo ciencia ficción: es cierto que las inteligencias artificiales que existen hoy en día no son todavía como la *Skynet* de la película *Terminator*. Pero tampoco es solo ciencia ficción, pues como decía Julio Verne «lo que un hombre es capaz de imaginar, otros son capaces de realizar».

3. COMPRENDIENDO LA INTELIGENCIA ARTIFICIAL

3.1. Conceptos clave

Como señalábamos en el epígrafe anterior, el *big data* es uno de los grandes habilitadores de la actual explosión de inteligencia artificial.

Partiendo de esta idea, podemos definir la inteligencia artificial como aquellos mecanismos basados en *hardware* y *software* que tienen una serie de capacidades de toma de decisiones bien de forma asistida o no asistida para el desarrollo de unas tareas y funciones básicas programadas por un operador humano bien porque su finalidad es el desarrollo de diferentes tareas preprogramadas o que bajo condiciones de funcionamiento autónomo y con libre albedrío sean capaces de seguir unos objetivos tomando las decisiones de forma independiente al ser humano; siempre, en todo caso, para fines socialmente correctos, no violentos, y que no sean nocivos; ni para humanos ni para los propios robots[8].

De manera más sencilla, la inteligencia artificial es el ámbito de conocimiento que estudia cómo conseguir, a través de la creación de agentes inteligentes, que los ordenadores realicen tareas propias del comportamiento humano, de la inteligencia humana, esto es, reconocer patrones, predecir resultados en un contexto de incertidumbre y tomar decisiones complejas.

Como bien explica Navarro, en esencia, la inteligencia artificial es el desarrollo de la capacidad de aprendizaje y adaptación de los ordenadores, abriéndonos infinitas posibilidades para descubrir los patrones ocultos en las mareas de datos que conforman nuestra realidad.

Para entenderlo un poco mejor, tal vez sea interesante, conocer algunos conceptos clave vinculados a la inteligencia artificial. Así[9]:

(i) En relación con el aprendizaje por parte de las máquinas, y tal y como se refleja en el Gráfico 4 posterior, podemos identificar los siguientes conceptos:

---

[8] Nisa Ávila, J. A., «El Metaverso: conceptualización jurídica, retos legales y deficiencias normativas», *El Derecho*, 30 de noviembre de 2021. Puede consultarse en https://elderecho.com/el-metaverso-conceptualizacion-juridica-retos-legales-y-deficiencias-normativas.

[9] Navarro, E., *op. cit.*

Gráfico 4

Aprendizaje de las máquinas

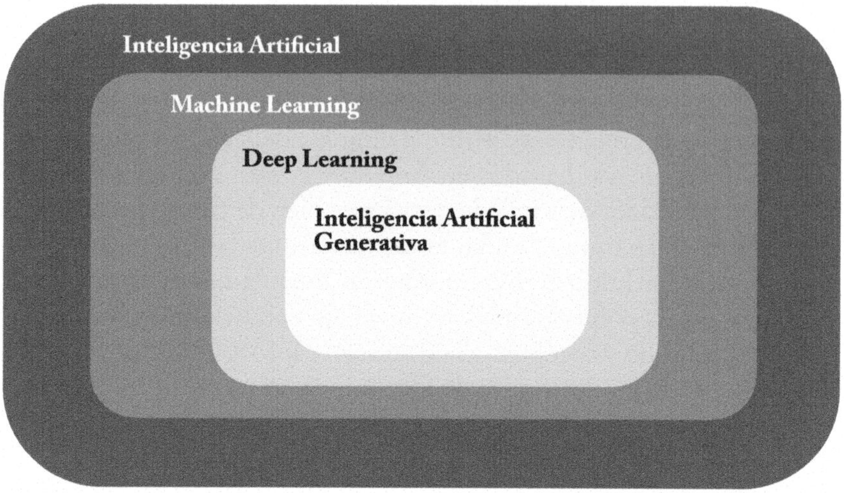

Fuente: Elaboración propia.

a) Sistemas de redes neuronales artificiales: son sistemas que imitan el funcionamiento del cerebro. El código de programación que puede alimentar una entrada y producir una salida está vinculado a muchos otros nodos. Cada nodo es capaz de almacenar y procesar datos, lo que significa que cada enlace en la red puede procesar información simultáneamente, lo que aumenta enormemente la potencia de cálculo. Las redes neuronales son tan solo una de las herramientas que se utilizan en *machine learning* y *deep learning*. Pero hay otras, con propiedades distintas: matrices de factorización, *random forests* o *clustering methods*.

b) *Machine learning*: se trata de un algoritmo que mejora su rendimiento a través del entrenamiento continuado.

El entrenamiento se lleva a cabo, proporcionando al modelo grandes conjuntos de datos y realimentando con los resultados del análisis inicial, es decir, proporcionándole *feedback* sobre si ha procesado correctamente o no cada dato. Este proceso es *machine learning* supervisado, en el que, en lugar de proporcionarle normas de comportamiento al sistema, se le proporcionan ejemplos del comportamiento asociando información entrante y resultados, con el fin de que sea capaz de llevar a cabo un proceso de generalización a partir de estos ejemplos y aplicar el principio a casos futuros que no formaban parte de los ejemplos suministrados.

c) *Deep learning*: es un sistema de redes neuronales inspirado en el cerebro humano que utiliza miles de niveles de «profundidad» y procesa miles de millones de parámetros.

Estos algoritmos absorben una entrada de datos, producen un resultado que a su vez se vuelve a utilizar como entrada para la siguiente capa de entrenamiento. A través del *deep learning* se consigue la inteligencia para clasificar imágenes y reconocer textos. Este enfoque incluye múltiples etapas intermedias (basadas en redes neuronales) entre el *input* entrada de datos y el *output* resultado proporcionado por el algoritmo.

De esta forma el proceso es más preciso que cuando se utiliza *machine learning* y requiere menos intervención o supervisión por parte de las personas que llevan a cabo el entrenamiento de las herramientas.

Los algoritmos que funcionan con *deep learning* se entrenan con océanos de datos, lo que hace que sean capaces de identificar patrones y correlaciones extremadamente sutiles y complejas, que un cerebro humano sería incapaz de identificar. Han dado lugar a sistemas de reconocimiento facial, de reconocimiento de voz y a los programas que han conseguido vencer a los mejores jugadores de ajedrez y de Go del mundo.

d) Inteligencia artificial generativa: se trata de un subconjunto de los modelos de aprendizaje profundo que pueden generar nuevo contenido basado en datos de entrenamiento. Estos modelos utilizan técnicas de *deep learning* para crear nuevos ejemplos que se asemejan a los datos de entrenamiento. Pueden generar imágenes, música, texto u otros tipos de contenido de modo que a día de hoy se está utilizando, entre otras cosas, para la creación de arte generativo, la síntesis de voz y la generación de texto automático.

(ii) En materia de razonamiento, debemos tener en cuenta dos conceptos:

a) Algoritmos de búsqueda: los algoritmos de búsqueda recuperan la información almacenada en un espacio de búsqueda particular que cumple con los criterios establecidos. Se utilizan para encontrar la ruta de menor resistencia desde un estado de inicio a un estado final definido, utilizando rutas particulares.

Así, por ejemplo, AlphaGo utiliza los algoritmos de búsqueda para decidir el mejor movimiento en una partida de Go en cada momento preciso.

b) Procesamiento de lenguaje natural: se trata de la capacidad de los ordenadores de «comprender» el lenguaje y reaccionar adecuadamente, o proporcionar una respuesta.

El procesamiento del lenguaje natural es, también, la base de la prueba de Turing que tiene como objetivo determinar si una máquina está desarrollando un comportamiento inteligente.

(iii) Finalmente, en relación con la robótica, el comité de expertos en inteligencia artificial de la Comisión Europea la define como inteligencia artificial en acción en el mundo físico.

De este modo, los robots son máquinas físicas que tienen que lidiar con las dinámicas, las incertidumbres y la complejidad del mundo físico. Habilidades de percepción, razonamiento, acción, aprendizaje e interacción con otros sistemas están integradas en la arquitectura de control de los sistemas robóticos.

Ahora bien, al margen de la inteligencia artificial, la robótica necesita de otras disciplinas como ingeniería mecánica.

Algunos ejemplos de robótica son los drones, los coches autónomos o el aspirador Roomba.

3.2. Historia de la inteligencia artificial

Entendidos dichos conceptos, creemos interesante adentramos ahora un poco en la historia de la inteligencia artificial. En este sentido, el estudio de la misma comenzó en los años cincuenta. En 1956 se celebró una reunión en Dartmouth (Estados Unidos), donde J. McCarthy, M. Minsky, N. Rochester y C.E. Shannon acuñan por primera vez el término «inteligencia artificial».

El documento presentado para la reunión por J. McCarthy define el mundo de la inteligencia artificial como aquel encaminado a construir una máquina que se comporte de manera similar al comportamiento humano. Por tanto, la definición original de inteligencia artificial podría resumirse en aquella rama de la informática o computación encaminada a simular procesos de inteligencia humana por parte de máquinas.

En la actualidad, aunque no seamos conscientes de ello, estamos rodeados de productos y servicios que utilizan la inteligencia artificial. Desde los mecanismos que mantienen la bandeja de entrada de nuestro correo electrónico libre de *spam*, la recomendación de contenidos o productos en Amazon, Netflix, YouTube, Spotify, a la obtención de diagnósticos médicos precisos, la predicción de la cantidad de ingredientes que necesita un restaurante para minimizar las sobras sin que se quede sin existencias o, como no, los *chatbots* de inteligencia artificial generativa como ChatGPT o Midjourney.

A mayor abundamiento, la inteligencia artificial está propulsándonos hacia el futuro. Es posible que la inteligencia artificial todavía nos parezca un concepto abstracto. Sin embargo, bajando a las aplicaciones más prácticas, podemos dividir las funciones de la inteligencia artificial en dos grandes categorías:

(i) Realizar tareas repetitivas que de realizarlas una persona conllevarían una cantidad inmensa de tiempo.
(ii) Realizar cálculos y resolver problemas que no pueden resolverse con los mecanismos o herramientas tradicionales. Esta segunda función es la que permite analizar datos para realizar predicciones[10].

Por lo que se refiere a los tipos de inteligencia artificial, conviene advertir que de la misma forma que el concepto de inteligencia artificial no se ciñe a una única tecnología, tampoco constituye un concepto unívoco desde el punto de vista de las habilidades o tareas que puede realizar.

Las habilidades de las actuales herramientas impulsadas por inteligencia artificial son, sin ninguna duda, impresionantes. Pero no constituyen «inteligencia» tal y como entendemos el concepto de inteligencia en el ser humano.

Podemos clasificar estas habilidades en tres categorías[11]:

(i) *Weak AI/narrow AI* (inteligencia artificial débil/específica): la inteligencia artificial débil es una forma de inteligencia artificial diseñada específicamente para realizar una tarea concreta y particular. La inteligencia artificial débil en ningún caso representa un caso de inteligencia general, sino más bien se trata de una construcción diseñada para ser inteligente en la tarea limitada a la que está asignada.

    Un ejemplo de inteligencia débil es el asistente de Apple: *Siri*. Este utiliza Internet como base de datos para alimentar su inteligencia y aunque pueda parecer muy inteligente sus limitaciones son evidentes cuando se in-

[10] Navarro, E., *op. cit.*
[11] Navarro, E., *op. cit.*

tenta mantener una conversación prolongada con el asistente de voz. Además, su tasa de error se dispara cuando tiene que responder a preguntas para las que no ha sido programado.

La mayoría de las herramientas de inteligencia artificial actuales son herramientas de inteligencia específica.

Otro de los grandes desafíos a los que se enfrenta este tipo de inteligencia es cómo aprender nuevas tareas sin desaprender todo lo aprendido hasta el momento. Los científicos siguen trabajando para que el aprendizaje de nuevas tareas no exija el borrado de todo lo anterior. De otra forma, alcanzar una inteligencia artificial general no será posible.

(ii) *Strong AI* (inteligencia artificial general): la inteligencia artificial general es capaz de desarrollar funciones cognitivas de la misma forma que puede hacerlo una persona.

En esencia, no existiría diferencia entre una mente humana y la inteligencia artificial general.

La inteligencia artificial general requeriría capacidades y habilidades avanzadas, altamente sofisticadas como: razonamiento, aprendizaje conceptual, sentido común, planificación, reactividad al entorno, consciencia de uno mismo, e incluso emociones. Aspectos que por el momento permanecen fuera del alcance de las actuales herramientas tecnológicas. Aún más, de momento no existe un camino claro para que los ingenieros infundan estas habilidades en los robots. Por este motivo, todavía se está muy lejos de alcanzar robots o herramientas que dispongan de inteligencia artificial general.

Es difícil predecir cuándo veremos las primeras herramientas de inteligencia artificial general, algunos científicos predicen que no ocurrirá hasta dentro de 50 o 100 años. Sin embargo, con la llegada de la inteligencia artificial generativa, muchos somos los que creemos que esos plazos se van a ver acortados de manera acelerada.

(iii) *Superintelligence* (superinteligencia): la superinteligencia es un sistema de inteligencia que aumenta rápidamente su inteligencia en poco tiempo, hasta el punto de superar la capacidad cognitiva del ser humano medio. La superinteligencia se ha utilizado en ciencia ficción y en discusiones sobre inteligencia artificial para comprender algunas de las ramificaciones de un modelo de inteligencia en el que los robots y la tecnología evolucionan a gran velocidad.

Parte del concepto de superinteligencia va aparejado a la idea de que ciertas herramientas impulsadas por inteligencia artificial son capaces de evolucionar de forma desenfrenada, e incluso superar a la inteligencia humana y llegar a manipular o controlar a las personas. La superinteligencia está vinculada a la idea de una «singularidad», que se basa en la idea de que un catalizador o un activador causaría un cambio rápido más allá de lo que los humanos pueden prever.

¿Puede que las nuevas herramientas de inteligencia artificial generativa aceleren este proceso? Ese parece ser el miedo de muchos.

Una vez asimiladas las diferencias entre la superinteligencia, la inteligencia general y la inteligencia específica, resulta tremendamente útil el marco de reflexión sobre las cuatro olas de implementación de la inteligencia artificial desarrollado por Kai-Fu Lee en su libro *AI Superpowers*[12].

Este marco permite entender el proceso que está siguiendo el desarrollo de las aplicaciones de la inteligencia artificial. Las cuatro grandes olas o fases están sucediendo de forma simultánea, aunque a velocidades desiguales.

¿Cuáles son estas olas de desarrollo?[13]:

(i) *Internet AI*: la primera ola es la inteligencia artificial de Internet. Esta está impulsada esencialmente por todos los datos que circulan por Internet. La inteligencia artificial

[12] Lee, K-F., *AI Superpowers*, Harper Business, 2019.
[13] Navarro, E., *op. cit.*

de Internet se beneficia del hecho de que los usuarios automáticamente etiquetan los datos y contenido a medida que navegan por Internet.

A través de la decisión de comprar o no comprar un producto, hacer clic o no en un *link*, una web, un anuncio. Cada una de las acciones que realizamos mientras navegamos por Internet se traducen en ingentes cantidades de datos clasificados (*labeled data*) que construyen un perfil detallado de nuestra personalidad, intereses, patrones de comportamiento, hábitos y deseos.

De esta forma, su objetivo no es otro que proporcionar la información ideal a cada usuario con contenido específico que lo mantenga utilizando la plataforma, red social, página web, maximizando la facturación, por ejemplo, a través de la recomendación pertinente de productos y servicios.

(ii) *Business AI*: la segunda ola es el negocio de la inteligencia artificial. Aquí entra en juego el entrenamiento de algoritmos con datos propios de titularidad de las empresas que están entrenando a estas herramientas.

La idea es que, con el entrenamiento de herramientas, se obtengan sistemas que ayuden a los directivos de estas empresas a tomar mejores decisiones de negocio.

¿Cuáles son los tipos de datos que se pueden utilizar para entrenar a los algoritmos? Estos pueden ser datos sobre las compras que realicen los clientes o procesos internos complejos, entre otros.

El resultado es que los algoritmos permiten, entre otras muchas utilidades, tomar decisiones sobre a quién conceder o no un préstamo, llevar a cabo la selección de personal o resolver a quién se le concede una beca.

Todo dependerá del modelo de negocio de la empresa. Una gran ventaja de estas herramientas es su gran flexibilidad y la posibilidad de aplicarlas de forma eficaz en contextos y sectores económicos tremendamente diversos.

(iii) *Perception AI*: la tercera ola es la inteligencia artificial de percepción. En esta etapa se dota a la inteligencia artificial de sentidos, principalmente, vista y oído. Ello permite capturar datos que nunca antes habían sido recogidos y utilizarlos para el desarrollo de nuevas aplicaciones. Estos datos se recogen a través de los sensores instalados en nuestras casas, nuestros *smartphones*, que de igual modo proliferan en nuestras ciudades.

Como resultado de esta ola se están desarrollando las herramientas de reconocimiento facial o reconocimiento de voz como Siri, Alexa o Cortana que acumulan y procesan todo tipo de datos biométricos, de patrones de comportamiento, gustos e intereses, creando un perfil digital tremendamente atractivo para las empresas. Las empresas podrán a su vez, vender la información y los datos a terceros (generando nuevas líneas de ingresos) o utilizarlas internamente con fines publicitarios y promocionales, así como, utilizarlas como información que permita perfeccionar los servicios y productos existentes.

(iv) *Autonomous AI*: la cuarta ola se refiere a la inteligencia artificial autónoma, el equivalente de la inteligencia artificial general. Esta integra las tres fases anteriores.

Así, la inteligencia autónoma, dota a las máquinas de la habilidad de «sentir» y responder al mundo que las rodea, pueden desplazarse de forma intuitiva y manipular objetos de forma tan sencilla como lo haría cualquier ser humano.

Un ejemplo de este tipo de inteligencia artificial serían los coches autónomos. Esta, también, tendrá muchas aplicaciones en la robotización de las cadenas de producción.

4. EL DESARROLLO DE LA INTELIGENCIA ARTIFICIAL EN EL SECTOR SANITARIO: CASOS DE USO

Comprendidos los conceptos generales relacionados con la inteligencia artificial, resulta necesario en este momento comprender cómo se utiliza la misma en el sector sanitario. En otras palabras, conviene que abordemos los distintos casos de uso ya existentes en un área tan estratégica como lo es la salud.

De este modo, la inteligencia artificial en salud utiliza algoritmos y *software* para emular la inteligencia humana en el análisis, interpretación y comprensión de información médica complicada. Su uso promete mejorar la eficacia del sistema de salud, reducir errores médicos y proporcionar cuidados de salud personalizados.

En general, las herramientas basadas en inteligencia artificial que se están desarrollando para su aplicación en medicina están dirigidas a ayudar en el diagnóstico, en la supervisión de la evolución de pacientes y en la elección de tratamientos, aunque también existen otras aplicaciones para el campo de la investigación biomédica, la gestión del sistema sanitario, e incluso dirigidas a los pacientes en ámbitos como el del autocuidado.

A continuación, se describen algunos de los principales casos de uso de la inteligencia artificial en el ámbito sanitario[14].

4.1. Actividad asistencial

La aplicación de la inteligencia artificial en el diagnóstico, la prevención y el tratamiento de enfermedades supondrá un cambio sustancial en el ejercicio de la medicina dado que los expertos en salud se enfrentan a volúmenes masivos de datos provenientes de distintos orígenes. El uso de métodos de análisis tradicionales para extraer información valiosa de esos datos resulta ineficiente, más aún si los comparamos con la capacidad de procesamiento de las herramientas de inteligencia artificial. Así las cosas y precisamente por ello, desde hace ya varios años, estas herramientas se están utilizando con éxito en los campos que se analizan a continuación.

---

[14] Para la descripción de los diferentes casos de uso, hemos combinado nuestra experiencia en este campo con los contenidos al respecto de los trabajos siguientes: Romeo, C. (coord.), «Inteligencia Artificial en Salud: Retos Éticos y Legales», *Observatorio de Tendencias en la Medicina del Futuro*, Fundación Instituto Roche, 2020, pp. 9-11; y Asociación Española para la Digitalización, «Inteligencia Artificia Ética en Sanidad», *DigitalES*, febrero de 2022, pp. 11-14.

A. *Análisis de imagen médica*

Una de las funcionalidades más prometedores de la inteligencia artificial en la actividad asistencial y donde más avances se están produciendo, es el análisis de imagen médica. A través del aprendizaje automático y el procesamiento de imágenes, la inteligencia artificial puede ayudar a los médicos a interpretar imágenes médicas como radiografías, resonancias magnéticas y tomografías con una precisión que, en muchos casos, supera la capacidad humana. Esto no solo acelera el diagnóstico, sino que también puede detectar patrones y anomalías que podrían pasar desapercibidas a simple vista.

De este modo, estas herramientas están contribuyendo a la mejora y desarrollo de especialidades médicas como la dermatología, la radiología o la anatomía patológica.

B. *Sistemas de apoyo a la decisión clínica*

Otro aspecto crucial es el apoyo a la decisión clínica. Los sistemas de inteligencia artificial pueden ayudar a los médicos a tomar decisiones más informadas al proporcionarles acceso a una gran cantidad de datos y literatura médica actualizada. Estos sistemas pueden analizar datos del paciente y sugerir un conjunto de diagnósticos o tratamientos potenciales basados en la evidencia más reciente.

C. *Procesamiento de lenguaje natural*

Como bien ha definido IBM, el procesamiento de lenguaje natural (en adelante, «PLN») hace referencia a la rama de la informática y, más específicamente, a la rama de la inteligencia artificial o inteligencia artificial encargada de dar a los ordenadores la capacidad de comprender textos y palabras habladas de la misma manera que los seres humanos[15]. En definitiva, permite que las máquinas comprendan e interpreten el lenguaje humano.

[15] IBM, *¿Qué es el procesamiento del lenguaje natural (NLP)?* Puede consultarse en https://www.ibm.com/es-es/topics/natural-language-processing

En el sector sanitario, el PLN puede ser de gran utilidad en la extracción de información relevante de historias clínicas digitales y otros documentos médicos en formato de texto abierto, para que sean capaces de comprender la semántica del texto y así detectar y predecir eventos como la progresión de la enfermedad en pacientes de cáncer, o la predicción de la asistencia a urgencias de pacientes con base en el historial de seguimiento.

Por otra parte, los *chatbots* basados en PLN están siendo ya utilizados en la atención al paciente, respondiendo preguntas frecuentes y ayudando en la programación de citas[16].

D. *Administración de tratamientos*

La inteligencia artificial también está revolucionando la forma en que se administran los tratamientos. Con sistemas de inteligencia artificial, es posible personalizar los tratamientos para cada paciente basándose en sus datos genéticos y de salud. Además, la inteligencia artificial puede optimizar la planificación de la dosificación de medicamentos y monitorizar a los pacientes para garantizar el cumplimiento del tratamiento, alertando al personal médico en caso de cualquier anomalía.

De esta forma, será posible emplear este tipo de herramientas para la predicción de respuesta al tratamiento, como, por ejemplo, en el campo de la oncología, de la diabetes o en la determinación de resistencias bacterianas a antibióticos, donde se están dando ya los prime-

[16] A este respecto, resulta relevante la reciente publicación de un estudio que muestra que el *chatbot* de ChatGPT mejora a los médicos con consejos más empáticos y de calidad ante preguntas de pacientes. En efecto, el ChatGPT busca su hueco como apoyo a los sanitarios para desarrollar procedimientos médicos o para evitar tareas burocráticas y, a pie de calle, planea ya como un eventual sustituto del impreciso y, a menudo, desatinado doctor Google. Ahora bien, los expertos consultados aseguran que se trata de una tecnología con mucho potencial, pero que todavía es muy incipiente: hay que afinar todavía el campo regulatorio en su aplicación en la práctica médica real, solventar las dudas éticas que puedan surgir y, sobre todo, asumir que es una herramienta falible y que puede equivocarse a través de sus «alucinaciones» o invenciones. Por tanto, todo lo que salga de ese *chatbot* requerirá siempre la revisión final de un profesional de la salud. Véase al respecto, Mouzo, J., «Doctor ChatGPT: cara y cruz de la inteligencia artificial en la consulta», *El País*, 5 de junio de 2023. Puede consultarse en https://elpais.com/tecnologia/2023-06-05/doctor-chatgpt-cara-y-cruz-de-la-inteligencia-artificial-en-la-consulta.html

ros pasos. Esto permitirá la determinación del tratamiento óptimo para cada paciente, contribuyendo a una mayor personalización de la medicina.

E. *Elaboración de perfiles de pacientes*

La inteligencia artificial facilita la elaboración de perfiles de pacientes, lo que permite una atención más personalizada y proactiva. Al analizar datos de múltiples fuentes, la inteligencia artificial puede ayudar a identificar factores de riesgo y patrones de enfermedad en diferentes grupos de pacientes.

De esta forma, se puede aprovechar la habilidad de la inteligencia artificial para establecer relaciones entre grandes conjuntos de datos y así clasificar a las personas en grupos o subgrupos con perfiles similares de enfermedad

Esto, a su vez, permite que los profesionales de la salud desarrollen planes de atención preventiva y estrategias de intervención temprana.

4.2. Gestión sanitaria y de las estrategias de salud pública

La inteligencia artificial está redefiniendo los parámetros de la atención médica, y su impacto se extiende más allá de la atención al paciente, alcanzando la gestión sanitaria y las estrategias de salud pública. Al automatizar y optimizar diversos procesos, la inteligencia artificial tiene el potencial de mejorar la eficiencia y efectividad de los sistemas de salud.

Y es que, en efecto, la inteligencia artificial puede emplearse para establecer correlaciones que permitan cambiar o mejorar procesos, protocolos de actuación con algunas de las finalidades que se describen a continuación.

A. *La gestión optimizada de los hospitales y centros de salud*

La inteligencia artificial contribuye significativamente a la optimización de la gestión de hospitales y centros de salud. A través de algoritmos avanzados, es posible analizar patrones de admisión de pacientes y optimizar la asignación de recursos, tales como camas, personal médico y equipos. Además, mediante su uso, se puede mejorar la programación de citas y procedimientos, minimizando el tiempo de espera y maximizando la eficacia del tratamiento.

B. *La gestión optimizada del sistema sanitario en su conjunto*

A nivel macro, la inteligencia artificial puede desempeñar un papel fundamental en la mejora de la gestión del sistema sanitario en su totalidad. De este modo, puede ayudar a identificar ineficiencias y cuellos de botella en el sistema y sugerir soluciones para mejorar el flujo de pacientes y la asignación de recursos. De igual forma, puede ser útil para monitorizar y evaluar políticas de salud pública, proporcionando datos que pueden ayudar en la toma de decisiones y en la implementación de mejoras.

C. *La creación de modelos predictivos*

Uno de los usos más innovadores de la inteligencia artificial en la gestión sanitaria es la creación de modelos predictivos. Estos modelos utilizan datos históricos y en tiempo real para predecir tendencias y patrones en la salud de la población. Por ejemplo, los modelos predictivos pueden ser utilizados para anticipar brotes de enfermedades infecciosas, identificar áreas con altas tasas de enfermedades crónicas, o predecir la demanda de servicios médicos. Esto permite a los responsables de la toma de decisiones implementar estrategias proactivas para abordar los desafíos de salud de la población de manera más efectiva ya que se podrán diseñar estrategias de prevención de riesgos personalizadas.

4.3. Investigación biomédica y desarrollo de nuevos fármacos

La inteligencia artificial ha irrumpido en el sector sanitario como un agente transformador en diversos ámbitos, uno de los cuales es la investigación biomédica y el desarrollo de nuevos fármacos. En este sentido, la inteligencia artificial ofrece herramientas que permiten agilizar y optimizar estos procesos, que tradicionalmente han requerido una inversión considerable de tiempo y recursos.

A. *Análisis de datos e identificación de objetivos*

En la fase inicial de la investigación biomédica, la inteligencia artificial resulta crucial para analizar grandes conjuntos de datos biológicos. Mediante algoritmos de aprendizaje automático, puede identificar patrones y relaciones que serían difíciles de detectar por métodos convencionales. Esto permite identificar objetivos moleculares para el desarrollo de nuevos fármacos de manera más precisa y rápida.

En definitiva, consistirá en aplicar herramientas de aprendizaje automático, de análisis probabilísticos, de *deep learning* y de análisis por capas para analizar gran cantidad de datos desde distintas perspectivas. Este tipo de aproximación ofrece numerosas hipótesis, a diferencia del modelo científico de generación de hipótesis basadas en evidencias, para resolver interrogantes presentes, actualmente, a nivel biosanitario.

B. *Diseño de fármacos y optimización de moléculas*

Una vez identificados los objetivos, la inteligencia artificial puede facilitar el diseño de fármacos. Sus algoritmos tienen la capacidad de predecir cómo diferentes moléculas interactuarán con un objetivo específico, lo que ayudará en el diseño de compuestos que sean efectivos y seguros.

De igual forma, puede ser utilizada para optimizar las moléculas, modificándolas para mejorar su eficacia y reducir efectos secundarios.

C. Screening *de compuestos y predicción de toxicidad*

El *screening* de compuestos es un proceso que implica probar un gran número de compuestos para determinar cuál de ellos tiene el potencial de convertirse en un fármaco efectivo. Así las cosas, la inteligencia artificial puede automatizar y acelerar este proceso al predecir qué compuestos tienen mayor probabilidad de éxito.

De igual forma, puede predecir la toxicidad de un compuesto, lo cual resulta fundamental para garantizar la seguridad de los fármacos.

D. *Medicina y farmacología de precisión*

Directamente relacionado con la personalización de tratamientos que comentábamos con anterioridad, al analizar datos genéticos y biomarcadores, la inteligencia artificial puede ayudar a identificar qué pacientes se beneficiarán más de un fármaco específico. Esto resulta fundamental para el desarrollo de la medicina de precisión, que busca proporcionar el tratamiento adecuado al paciente adecuado en el momento adecuado.

Y es que la tecnología hace posible el progreso de las técnicas clínicas y de la investigación. De hecho, y como todos hemos podido apreciar, durante la pandemia de la COVID-19, este ámbito dio un salto muy relevante, siendo las vacunas frente al virus el mejor ejemplo de ello.

4.4. Medicina preventiva y autocuidado

Como estamos viendo, la inteligencia artificial está transformando el ámbito de la salud, abriendo caminos hacia enfoques más proactivos y centrados en el paciente. Entre estos, la medicina preventiva y el autocuidado emergen como áreas donde está demostrando ser particularmente valiosa. De este modo, a continuación, exploraremos cómo la inteligencia artificial contribuye a la evolución de la medicina preventiva y fomenta una cultura de autocuidado, empoderando a los individuos en la gestión de su propia salud.

A. *Monitorización y detección temprana*

Uno de los elementos clave de la medicina preventiva es la detección temprana de condiciones de salud. La inteligencia artificial, integrada en dispositivos portátiles y aplicaciones de salud, permite ya monitorizar constantemente varios parámetros de salud. Así, algoritmos inteligentes pueden detectar anomalías o patrones preocupantes, facilitando intervenciones tempranas y potencialmente salvadoras.

B. *Gestión de enfermedades crónicas*

La inteligencia artificial es fundamental en la gestión de enfermedades crónicas, como la diabetes o la hipertensión. Los pacientes pueden utilizar aplicaciones y dispositivos equipados con inteligencia artificial para monitorizar su glucosa en sangre o presión arterial, recibir recomendaciones personalizadas y ajustar sus medicamentos de acuerdo con patrones y tendencias.

En efecto, combinada con otras tecnologías, como el IoT y los dispositivos *wearables*, la inteligencia artificial y estos dispositivos pueden ayudar a desarrollar servicios de telemedicina más inteligentes.

C. *Promoción de estilos de vida saludables*

Fomentar un estilo de vida saludable es crucial en la medicina preventiva. Las aplicaciones de salud con inteligencia artificial pueden ofrecer planes de alimentación personalizados, programas de ejercicios, y seguimiento del sueño. Estos sistemas pueden adaptarse a las necesidades y preferencias del usuario, proporcionando recomendaciones basadas en datos objetivos.

D. *Educación y concienciación en salud*

La inteligencia artificial también desempeña un papel en la educación y concienciación en salud. Los *chatbots* y asistentes virtuales pueden ofrecer información y consejos de salud, ayudando a los individuos a tomar decisiones informadas sobre su bienestar. Ello fomenta una mayor comprensión de los factores de riesgo y la importancia de la prevención.

E. *Apoyo psicológico y bienestar mental*

El autocuidado también abarca el bienestar mental. Aplicaciones de inteligencia artificial que ofrecen terapias de conversación y técnicas de relajación pueden ser valiosas herramientas de apoyo psicológico. Estas aplicaciones pueden ayudar a manejar el estrés, la ansiedad y mejorar el estado de ánimo, lo que es fundamental para la salud integral.

F. *Personalización de intervenciones preventivas*

La inteligencia artificial permite la personalización de intervenciones preventivas mediante el análisis de datos genéticos, médicos y de estilo de vida. Los algoritmos pueden identificar individuos con alto riesgo de desarrollar ciertas condiciones y ofrecer intervenciones preventivas adaptadas a su perfil de riesgo.

3

MARCO NORMATIVO VIGENTE EN ESPAÑA

1. EL DERECHO FUNDAMENTAL A LA PROTECCIÓN DE DATOS COMO CLAVE DE BÓVEDA

Datos, patrones, tendencias, algoritmos predictivos, perfilados de personas, son todas palabras que hemos venido usando en las anteriores páginas y que nos deben poner en sobre aviso de la necesidad de proteger los derechos fundamentales de las personas cuando se implementen sistemas o herramientas de inteligencia artificial con pacientes.

En este sentido, debemos insistir en que la inteligencia artificial debe ser considerada como una forma más de tratamiento de datos y, por tanto, debe recordarse que la protección de las personas físicas en relación con el tratamiento de datos personales es un derecho fundamental protegido por el artículo 18.4 de la Constitución Española y que se erige como la clave de bóveda para afrontar los riesgos éticos y legales en materia de inteligencia artificial.

De esta manera, nuestra Constitución fue pionera en el reconocimiento del derecho fundamental a la protección de datos personales cuando dispuso que «la ley limitará el uso de la informática para garantizar el honor y la intimidad personal y familiar de los ciudadanos y el pleno ejercicio de sus derechos».

De igual modo, el Tribunal Constitucional señaló en su Sentencia 94/1998, de 4 de mayo, que nos encontramos ante un derecho fundamental a la protección de datos por el que se garantiza a la persona el control sobre sus datos, cualesquiera datos personales, y sobre su uso y destino, para evitar el tráfico ilícito de los mismos o lesivo para la dignidad y los derechos de los afectados; de esta forma, el derecho a la protección de datos se configura como una facultad del ciudadano para oponerse a que determinados datos personales sean usados para fines distintos a aquel que justificó su obtención.

Por su parte, en la Sentencia 292/2000, de 30 de noviembre, lo considera como un derecho autónomo e independiente que consiste en un poder de disposición y de control sobre los datos personales que faculta a la persona para decidir cuáles de esos datos proporcionar a un tercero, sea el Estado o un particular, o cuáles puede este tercero recabar, y que también permite al individuo saber quién posee esos datos personales y para qué, pudiendo oponerse a esa posesión o uso.

Como veremos en próximos capítulos, todo lo anterior es consistente con el propio marco normativo europeo ya que también en su seno la protección de las personas físicas, en relación con el tratamiento de datos personales, se concibe en la UE como un derecho fundamental. Así, el artículo 8.1 de la Carta de los Derechos Fundamentales de la Unión Europea y el artículo 16.1 del Tratado de Funcionamiento de la Unión Europea (en adelante, el «TFUE») establecen que toda persona tiene derecho a la protección de datos de carácter personal que le conciernan.

Por tanto, parece claro que hasta que no se apruebe una normativa específica sobre la propia inteligencia artificial, la utilización de dicha tecnología debe respetar, sin duda alguna:

(i) A nivel europeo, el Reglamento (UE) 2016/679 del Parlamento Europeo y del Consejo, de 27 de abril de 2016, relativo a la protección de las personas físicas en lo que respecta al tratamiento de datos personales y a la libre circulación de estos datos y por el que se deroga la Directiva 95/46/CE (en adelante, el «RGPD»). El mismo lo trataremos en detalle cuando analicemos el marco normativo de la Unión Europea respecto de la inteligencia artificial en capítulos posteriores.

(ii) Y, a nivel interno, la Ley Orgánica 3/2018, de 5 de diciembre, de Protección de Datos Personales y garantía de los derechos digitales (en adelante, la «LOPDGDD»), ley que además de incorporar el contenido del RGPD incluyó por primera vez en nuestra normativa un catálogo de derechos digitales adaptados a esta nueva economía del dato, pero que, sorprendentemente, no incluye a lo largo de todo su extenso texto una sola mención a la inteligencia artificial.

De hecho, no ha sido hasta la *Carta de Derechos Digitales* publicada por el Gobierno de España el 14 de julio de 2021, cuando se ha empezado a considerar la necesidad de regular en particular el impacto de la inteligencia artificial[1]. Es cierto que esta *Carta* no tiene carácter normativo, pero ya ha conseguido uno de sus objetivos, como es el inspirar futura normativa, con la aprobación de la Ley 15/2022, de 12 de julio, integral para la igualdad de trato y la no discriminación, y la introducción por primera vez en la regulación positiva española de normas referentes al uso de la inteligencia artificial.

Por supuesto, y como ahora veremos, todo lo anterior deberá ser complementado con toda la normativa sanitaria específica relacionada con los datos y derechos de los pacientes.

A mayor abundamiento, tenemos que tener presente la publicación el 12/07/2024 en el *DOUE* del Reglamento (UE) 2024/1689 del Parlamento Europeo y del Consejo de 13 de junio de 2024, por el que se establecen normas armonizadas en materia de inteligencia artificial y por el que se modifican los Reglamentos (CE) n.º 300/2008, (UE) n.º 167/2013, (UE) n.º 168/2013, (UE) 2018/858, (UE) 2018/1139 y (UE) 2019/2144 y las Directivas 2014/90/UE, (UE) 2016/797 y (UE) 2020/1828 y sobre el que más adelante.

---

[1] De la Quadra-Salcedo, T. (coord.), *Carta de Derechos Digitales*, Gobierno de España, Plan de Recuperación, Transformación y Resiliencia, 14 de julio de 2021. Puede consultarse en https://www.lamoncloa.gob.es/presidente/actividades/Documents/2021/140721-Carta_Derechos_Digitales_RedEs.pdf

2. LOS DERECHOS PROTEGIDOS

2.1. Principios sobre los que descansa la normativa actual

Como decíamos, las principales referencias a la hora de abordar la protección de datos de las personas no son otras que el RGPD y la LOPDGDD. De este marco básico no solo se deducen las garantías que se tienen que atender en cuanto a tratamiento y gestión de datos para el diseño y desarrollo de sistemas y herramientas de inteligencia artificial, sino también los principios esenciales sobre los que descansa la normativa actual y que no son otros que los siguientes:

(i) La dignidad de la persona humana, el respeto a la autonomía de su voluntad y a su intimidad.
(ii) El consentimiento del paciente previo a toda actuación en el ámbito de la sanidad, que debe obtenerse tras recibir una información adecuada y por escrito en los supuestos previstos en la Ley.
(iii) El derecho a decidir libremente del paciente o usuario entre las opciones clínicas disponibles, después de recibir la información adecuada.
(iv) El derecho del paciente a negarse, en este caso, a la aplicación de herramientas de inteligencia artificial en su diagnóstico, tratamiento u otras aplicaciones, como emanación del derecho de rechazo a cualquier intervención médica en general.
(v) El deber que los pacientes tienen de facilitar los datos sobre su estado físico o sobre su salud de manera leal y verdadera, así como el de colaborar en su obtención, especialmente cuando sean necesarios por razones de interés público o con motivo de la asistencia sanitaria.
(vi) La obligación de todo profesional que interviene en la actividad asistencial a la correcta prestación de sus técnicas, al cumplimiento de los deberes de información y de documentación clínica, y al respeto de las decisiones adoptadas libre y voluntariamente por el paciente.

(vii) La obligación de guardar la debida reserva por parte de la persona que elabore o tenga acceso a la información y la documentación clínica.

Estos principios se materializan a través del reconocimiento de un conjunto de derechos a favor del paciente que, en el caso de la inteligencia artificial en salud, podríamos clasificar en los derechos respecto a la gestión de los datos empleados en los procesos de aprendizaje de los algoritmos de inteligencia artificial y en los derechos respecto a la toma de decisiones basada en los resultados obtenidos con herramientas de inteligencia artificial, donde se engloban el derecho a la información sanitaria, el respeto al derecho a la intimidad y a la protección de los datos personales y a la autonomía del paciente, entre otros.

2.2. Derechos respecto a la gestión de los datos empleados en los procesos de aprendizaje de los algoritmos de inteligencia artificial

Comenzando por los derechos en relación con la gestión de los datos con los que se entrena a los algoritmos de inteligencia artificial debemos destacar los siguientes:

(i) Derecho a la intimidad y derecho a la protección de los datos personales en relación con el *big data*. La disponibilidad de *big data* para ser procesado por las herramientas de inteligencia artificial puede suponer una inmensa ventaja en cuanto al avance de la medicina, pero permite establecer relaciones entre los datos que a simple vista no eran previsibles, haciendo posible la obtención de información de carácter personal que no ha sido aportada por el individuo. De este modo, resulta preceptivo informar a la persona con carácter previo sobre la posibilidad de descubrir datos inesperados relativos a su salud, para que pueda tomar una decisión antes de comenzar el análisis.

A este respecto, resulta fundamental tener presente la Ley 14/2007, de 3 de julio, de investigación biomédica. En efecto, como señala la propia exposición de motivos de esta ley, «la investigación biomédica y en ciencias de la salud es un instrumento clave para mejorar la calidad y la expectativa de vida de los ciudadanos y para aumentar su bienestar, que ha cambiado de manera sustancial, tanto metodológica como conceptualmente, en los últimos años. La aparición de nuevas herramientas analíticas ha llevado a grandes descubrimientos que permiten albergar fundadas esperanzas sobre el tratamiento, e incluso la curación en un futuro no muy lejano de patologías hasta ahora inabordables.

En pocos años ha cobrado enorme relevancia la obtención, utilización, almacenaje y cesión de las muestras biológicas con fines de diagnóstico y de investigación, son cada vez más frecuentes las investigaciones que implican procedimientos invasivos en seres humanos, y la investigación con gametos, embriones o células embrionarias se ha hecho imprescindible en el ámbito de la terapia celular y la medicina regenerativa. Sin embargo, estos avances científicos y los procedimientos y herramientas utilizados para alcanzarlos generan importantes incertidumbres éticas y jurídicas que deben ser convenientemente reguladas, con el equilibrio y la prudencia que exige un tema tan complejo que afecta de manera tan directa a la identidad del ser humano».

Para dar esa respuesta normativa se aprueba esta Ley cuyos artículos 1 y 2 son ciertamente reveladores al respecto. Así, el artículo 1 sobre el «Objeto y ámbito de aplicación» indica lo siguiente:

«1. Esta Ley tiene por objeto regular, con pleno respeto a la dignidad e identidad humanas y a los derechos inherentes a la persona, la investigación biomédica y, en particular:

a) Las investigaciones relacionadas con la salud humana que impliquen procedimientos invasivos.
b) La donación y utilización de ovocitos, espermatozoides, preembriones, embriones y fetos humanos o de sus células, tejidos u órganos con fines de investigación biomédica y sus posibles aplicaciones clínicas.
c) El tratamiento de muestras biológicas.
d) El almacenamiento y movimiento de muestras biológicas.
e) Los biobancos.
f) El Comité de Bioética de España y los demás órganos con competencias en materia de investigación biomédica.
g) Los mecanismos de fomento y promoción, planificación, evaluación y coordinación de la investigación biomédica.

2. Asimismo y exclusivamente dentro del ámbito sanitario, esta Ley regula la realización de análisis genéticos y el tratamiento de datos genéticos de carácter personal.
3. La investigación biomédica a la que se refiere esta Ley incluye la investigación de carácter básico y la clínica, con la excepción en este último caso de los ensayos clínicos con medicamentos y productos sanitarios, que se regirán por su normativa específica.
4. Quedan excluidas del ámbito de esta Ley las implantaciones de órganos, tejidos y células de cualquier origen que se regirán por lo establecido en la Ley 30/1979, de 27 de octubre, sobre extracción y trasplante de órganos, y demás normativa aplicable».

Y el artículo 2 sobre «Principios y garantías de la investigación biomédica» dispone que:

«2. La realización de cualquier actividad de investigación biomédica comprendida en esta Ley estará sometida a la observancia de las siguientes garantías:

a) Se asegurará la protección de la dignidad e identidad del ser humano con respecto a cualquier investigación que implique intervenciones sobre seres humanos en el campo de la biomedicina, garantizándose a toda persona, sin discriminación alguna, el respeto a la integridad y a sus demás derechos y libertades fundamentales.

b) La salud, el interés y el bienestar del ser humano que participe en una investigación biomédica prevalecerán por encima del interés de la sociedad o de la ciencia.

c) Las investigaciones a partir de muestras biológicas humanas se realizarán en el marco del respeto a los derechos y libertades fundamentales, con garantías de confidencialidad en el tratamiento de los datos de carácter personal y de las muestras biológicas, en especial en la realización de análisis genéticos.

d) Se garantizará la libertad de investigación y de producción científica en el ámbito de las ciencias biomédicas.

e) La autorización y desarrollo de cualquier proyecto de investigación sobre seres humanos o su material biológico requerirá el previo y preceptivo informe favorable del Comité de Ética de la Investigación.

f) La investigación se desarrollará de acuerdo con el principio de precaución para prevenir y evitar riesgos para la vida y la salud.

g) La investigación deberá ser objeto de evaluación».

(ii) El principio de transparencia. Las personas tienen derecho a saber qué se hace con sus datos (para qué se utilizan, quién los utiliza, cuánto tiempo, desde dónde va a acceder, dónde se almacenan, etc.), por lo que deberán ser debidamente informados de estos aspectos relacionados con su tratamiento digital, en el caso de que se usen sus datos, y especialmente cuando se empleen herramientas basadas en inteligencia artificial.

(iii) La autonomía del paciente. En este contexto, alude a la capacidad de las personas para decidir sobre sus propios datos. En el modelo en el que nos encontramos son necesarias las autorizaciones de los pacientes para el empleo de sus datos, ya sea en investigación (para la creación de modelos o bases de datos, por ejemplo) como en la práctica clínica, ya que puede darse el caso de que el individuo no quiera compartir sus datos ni ser sujeto de las acciones derivadas de sistemas inteligentes.

En efecto, lo anterior se encuentra recogido en la Ley 41/2002, de 14 de noviembre, básica reguladora de la autonomía del paciente y de derechos y obligaciones en materia de información y documentación clínica, cuyo artículo 2.5 al describir los principios básicos de la ley señala que «los pacientes o usuarios tienen el deber de facilitar los datos sobre su estado físico o sobre su salud de manera leal y verdadera, así como el de colaborar en su obtención, especialmente cuando sean necesarios por razones de interés público o con motivo de la asistencia sanitaria». En definitiva, los pacientes tienen el deber de dar los datos que sean necesarios para realizar el diagnóstico, pero no resulta obligatorio revelar otros datos privados para que sean incluidos en el *pool* de datos a analizar, que podrían ser útiles en el proceso de aprendizaje de los algoritmos de inteligencia artificial.

2.3. Derechos respecto a los resultados ofrecidos por las herramientas de inteligencia artificial

Asimismo, una vez que el sistema o herramienta de inteligencia artificial se desarrolle, al implementarlo a un caso concreto, se llegará a unos resultados que implicarán una toma de decisiones que pueden impactar en los pacientes, por lo que también en este campo es necesario tener en cuenta el elenco de derechos existentes para los mismos:

(i) Principio de no discriminación y estigmatización. Esta toma de decisiones no puede basarse en criterios discriminatorios de cualquier origen o naturaleza, por lo que es necesario conocer cuáles son los parámetros empleados por los algoritmos para alcanzar un resultado u otro. De manera previa a la aprobación para el uso en la práctica clínica de las herramientas de inteligencia artificial, el organismo competente deberá comprobar y garantizar que, de manera general, no existan sesgos que den lugar a situaciones de discriminación y/o estigmatización. Esto es así porque el profesional sanitario deberá tomar decisiones a partir de dichos resultados ofrecidos por la herramienta de inteligencia artificial y, por tanto, es necesario que sea capaz de comprobar que no sean discriminatorios antes de aplicarlas.

A este respecto, se deberá estar también, tal y como veremos más adelante, a lo dispuesto expresa y específicamente para el uso de herramientas de inteligencia artificial en el artículo 23 de la Ley 15/2022, de 12 de julio, integral para la igualdad de trato y la no discriminación.

(ii) Derecho a no ser objeto de decisiones basadas únicamente en procesos automatizados. Al igual que sucede con otros sectores productivos de la sociedad, el futuro de la medicina tiende a la automatización de los procesos. Sin embargo, los sistemas de inteligencia artificial tienen que ser una ayuda o complemento para la toma de decisiones, pero no el único y exclusivo criterio.

Así las cosas, las decisiones que se adopten en relación con los pacientes no pueden derivar exclusivamente de procesos automáticos sin que exista la intervención de un humano que tenga en cuenta otro tipo de parámetros que no sean meramente mecánicos. Por tanto, resulta preciso un control humano significativo (*meaningful human control*), en el que basar, en su caso, la responsabilidad humana moral y reforzar la colaboración integrada del ser humano y la tecnología de la inteligencia artificial.

(iii) Derecho a la información. En el plano asistencial, el derecho a la información al paciente está ampliamente garantizado en la ya mencionada Ley 41/2002, de 14 de noviembre, básica reguladora de la autonomía del paciente y de derechos y obligaciones en materia de información y documentación clínica. Ahora bien, va a resultar conveniente realizar algunas matizaciones o consideraciones en el contexto de la inteligencia artificial aplicada al ámbito sanitario como, por ejemplo, en relación con la capacidad de estas herramientas de establecer relaciones que ayuden a predecir un elevado número de patologías que los individuos podrían llegar a desarrollar. En efecto, estas asociaciones no dejan de ser hipótesis planteadas por el sistema, por lo que el profesional sanitario tendrá que decidir en cada caso de cuáles informar al paciente, aplicando criterios de gravedad, grado de probabilidad, existencia de tratamiento, etc.

(iv) Derecho a la explicación al paciente. También la Ley 41/2002 regula el derecho del paciente a recibir una información adecuada, previa al consentimiento sobre diversos actos clínicos. Sin embargo, esta Ley no indica que tenga que ser información completa o exhaustiva, es decir, que el paciente tiene derecho a conocer, en líneas generales, qué opciones de tratamiento hay, si existen efectos adversos, las consecuencias del tratamiento para su salud, etc.; dicho de otro modo, será una información adecuada a sus necesidades y le ayudará a tomar decisiones de acuerdo con su propia y libre voluntad.

En el campo de la inteligencia artificial, implicaría, en primer lugar, el derecho del paciente a conocer que el clínico va a utilizar estas herramientas como otro recurso adicional, las ventajas y limitaciones de este tipo de herramientas o que el paciente conozca por qué se toman las decisiones sobre su salud de manera general, sin entrar en detalle en el proceso de autoaprendizaje de la herramienta de inteligencia artificial.

No obstante, y, en segundo lugar, el proceso técnico de toma de decisiones tiene que ser transparente, lo que comporta el llamado derecho a la explicación, es decir, el derecho a recibir explicaciones adecuadas e inteligibles al menos sobre la lógica utilizada en el proceso decisional del sistema de inteligencia artificial, sobre los procesos que condujeron a esos resultados.

(v) Derechos decisionales del profesional: su salvaguarda ante la automatización de la práctica clínica. Por otro lado, en cuanto a la aplicación de los sistemas de inteligencia artificial en la práctica clínica y en relación con el derecho a la explicación, las herramientas de inteligencia artificial no están en condiciones de proporcionar al clínico, en la actualidad, el proceso detallado por el cual un sistema inteligente ha llegado a un resultado determinado y, por consiguiente, aquel no podrá transmitir al paciente información suficiente sobre este proceso algorítmico.

Ello, no obstante, dado que es el clínico el que tiene y ha de mantener la última palabra a la hora de tomar decisiones, para que pueda validar, o no, un determinado resultado tiene derecho a conocer los elementos esenciales en los que se ha basado la conclusión del sistema de inteligencia artificial.

En este sentido, los profesionales clínicos deben adquirir la formación adecuada para comprender cómo funciona la herramienta y cómo manejarla de manera adecuada. Sin embargo, el proceso interno de las herramientas de inteligencia artificial es complejo y difícil de analizar, por lo que la necesidad de profundizar en la comprensión variará según cada caso, y a profundizar en el conocimiento de estos procesos internos deberán dedicar sus esfuerzos los ingenieros de sistemas.

3. LA *CARTA DE DERECHOS DIGITALES*

Otro texto a tener muy presente en este proceso de transformación digital que está viviendo nuestra sociedad en todos sus ámbitos, incluido el sanitario, no es otro que la *Carta de Derechos Digitales* publicada por el Gobierno de España el 14 de julio de 2021.

Sin tener carácter normativo, esta *Carta* tiene como objetivo reconocer los retos que plantea la adaptación de los derechos actuales al entorno virtual y digital.

La elaboración de la *Carta de Derechos Digitales* ha seguido un proceso participativo, con contribuciones de expertos en la materia y las asociaciones de defensa de derechos, así como de la ciudadanía, junto con la contribución del sector privado, proveedores de servicios, y sector público competencialmente afectado.

En concreto, destacan como hitos la constitución del Grupo de Expertos en derechos digitales o la realización de dos consultas públicas de la que se recibieron más de 250 aportaciones.

El texto recoge un conjunto de principios y derechos para guiar futuros proyectos normativos y el desarrollo de las políticas públicas de forma que se garantice la protección de los derechos individuales y colectivos en los nuevos escenarios digitales. Fija, por tanto, los principios sobre los que asentar la salvaguarda de los derechos fundamentales en el escenario digital.

El objetivo de la *Carta* es descriptivo, prospectivo y asertivo. Descriptivo de los contextos y escenarios digitales que dan lugar a nuevos conflictos y situaciones que deben resolverse; prospectivo al anticipar futuros escenarios que pueden ya predecirse; y asertivo porque revalida y legitima los principios, técnicas y políticas que deberían aplicarse en los entornos y espacios digitales presentes y futuros.

Asimismo, la *Carta de Derechos Digitales* pretende reforzar los derechos de la ciudadanía, generar certidumbre a la sociedad en la nueva realidad digital y aumentar la confianza de las personas ante los cambios y disrupciones que traen consigo las nuevas tecnologías.

Con la publicación de la *Carta de Derechos Digitales*, España avanza en el impulso de una transformación digital humanista que busca seguir situando a nuestro país en una posición de vanguardia internacional en la protección de los derechos de la ciudadanía y contribuir activamente a las diferentes iniciativas y debates que se están desarrollando en el ámbito europeo y global.

Se busca así consolidar el liderazgo de España en el desarrollo de una sociedad digital libre, abierta e inclusiva, definiendo unas «reglas justas» para el desarrollo común y en convivencia en la nueva realidad digital, y garantizando el carácter social de la transformación tecnológica.

De hecho, la *Carta de Derechos Digitales* tiene como base los avances ya realizados en España para el reconocimiento de los derechos digitales, entre los que cabe destacar el Título X de la LOPDGDD y la recientemente aprobada Ley 10/2021, de 9 de julio, de trabajo a distancia.

Con la adopción de la *Carta*, España da cumplimiento a uno de los hitos recogidos en el Plan de Recuperación, Transformación y Resiliencia para el segundo semestre de 2021. La *Carta* es, además, uno de los diez objetivos marcados en la agenda España Digital 2025.

En definitiva, esta *Carta* busca actualizar derechos ya existentes y reconocidos en textos como la Declaración de Derechos Humanos o la Constitución Española, y adaptarlos a las nuevas circunstancias de la realidad digital.

La *Carta* está compuesta de seis capítulos: derechos de libertad; derechos de igualdad; derechos de participación y de conformación del espacio público; derechos del entorno laboral y empresarial; derechos digitales en entornos específicos y garantías específicas.

De este modo:

(i) Respecto a los derechos de libertad, el texto incluye el derecho a la identidad del entorno digital, a la protección de datos, al seudonimato, el derecho a no ser localizado y perfilado, el derecho a la ciberseguridad, o el derecho a la herencia digital.

(ii) En cuanto a los derechos de igualdad, la *Carta* recoge el derecho a la igualdad y a la no discriminación en el entorno digital, el derecho de acceso a Internet y el derecho de accesibilidad universal en el entorno digital.

(iii) El texto también promueve la protección de menores en el entorno digital para que tutores o progenitores velen porque los menores de edad hagan un uso equilibrado de entornos digitales, garanticen el adecuado desarrollo de su personalidad y preserven su dignidad; además promueve el fomento del acceso a todos los colectivos y la promoción de políticas públicas para eliminar brechas de acceso al entorno digital.

(iv) El derecho a la neutralidad de la red, a recibir libremente información veraz, el derecho a la participación ciudadana por medios digitales y el derecho a la educación digital son otras de las novedades del texto en el apartado de derechos de participación y conformación del espacio público.

(v) En el ámbito laboral, la *Carta de Derechos Digitales* recoge el derecho a la desconexión digital, al descanso y a la conciliación de la vida personal y familiar, la evaluación de impacto en el uso de los algoritmos o el desarrollo de condiciones óptimas para la creación de espacios de pruebas controladas (*sandbox*).

(vi) En relación con los derechos en entornos específicos, se incluyen contenidos muy novedosos y pioneros. Es el caso de los derechos ante la inteligencia artificial. El texto recoge que la inteligencia artificial deberá asegurar un enfoque centrado en las personas y su inalienable dignidad y que en el desarrollo de los sistemas de inteligencia artificial se deberá garantizar el derecho a la no discriminación. También se incluyen los derechos digitales en el empleo de las neurotecnologías para, entre otras cuestiones, garantizar el control de cada persona sobre su propia identidad, asegurar la confidencialidad y asegurar que las decisiones y procesos basados en estas tecnologías no sean condicionados por el suministro de datos.

(vii) Finalmente, en el ámbito de las garantías se incluyen derechos como el relativo a la tutela administrativa y judicial en los entornos digitales[2].

Siendo todo lo anterior relevante, creemos que a los efectos de este trabajo resultan especialmente significativos los numerales XXIII y XXV, contenidos en el apartado de «Derechos Digitales en Entornos Específicos» de la *Carta* toda vez que se refieren respectivamente al

[2] Puede consultarse el comunicado de prensa de 14 de julio de 2021, en relación con la publicación de la *Carta* y sobre el que están basadas las anteriores líneas en https://portal.mineco.gob.es/es-es/comunicacion/Paginas/210714_np_Carta-.aspx

derecho a la protección de la salud en el entorno digital y a los derechos ante la inteligencia artificial.

De este modo, el numeral XXIII al tratar el derecho a la protección de la salud en el entorno digital señala lo siguiente:

> «1. Con arreglo a las normas de todo rango que resulten aplicables, todas las personas tendrán acceso a los servicios digitales de salud en condiciones de igualdad, accesibilidad y universalidad, así como a la libre elección de la asistencia presencial. Se adoptarán medidas para garantizar este acceso y evitar la exclusión de colectivos en riesgo.
> 2. Los poderes públicos promoverán que la investigación y la tecnología contribuyan al logro de una medicina preventiva, predictiva, personalizada, participativa y poblacional.
> 3. El sistema de salud promoverá el desarrollo de sistemas de información que aseguren la interoperabilidad, el acceso y la portabilidad de la información del paciente.
> 4. El empleo de sistemas digitales de asistencia al diagnóstico, y en particular de procesos basados en inteligencia artificial no limitará el derecho al libre criterio clínico del personal sanitario.
> 5. Los entornos digitales de salud garantizarán, conforme a la legislación sectorial, la autonomía del paciente, la seguridad de la información, la transparencia sobre el uso de algoritmos, la accesibilidad y el pleno respeto de los derechos fundamentales del paciente y, en particular, su derecho a ser informado o renunciar a la información y a consentir en el tratamiento de sus datos personales con fines de investigación y en la cesión a terceros de tales datos cuando tal consentimiento sea requerido.
> 6. Los poderes públicos impulsarán el acceso universal de la población a sistemas de telemedicina y teleasistencia, así como a los dispositivos tecnológicos desarrollados con fines terapéuticos o asistenciales en condiciones adecuadas de conectividad. Se procurará establecer que el acceso a estos dispositivos cuando se facilite a título gratuito por un fabricante o proveedor no pueda condicionarse a la cesión a aquellos de los datos personales del paciente».

Por su parte, el numeral XXV referente a los derechos ante la inteligencia artificial reza como sigue:

«1. La inteligencia artificial deberá asegurar un enfoque centrado en la persona y su inalienable dignidad, perseguirá el bien común y asegurará cumplir con el principio de no maleficencia.
2. En el desarrollo y ciclo de vida de los sistemas de inteligencia artificial:

a) Se deberá garantizar el derecho a la no discriminación cualquiera que fuera su origen, causa o naturaleza, en relación con las decisiones, uso de datos y procesos basados en inteligencia artificial.
b) Se establecerán condiciones de transparencia, auditabilidad, explicabilidad, trazabilidad, supervisión humana y gobernanza. En todo caso, la información facilitada deberá ser accesible y comprensible.
c) Deberán garantizarse la accesibilidad, usabilidad y fiabilidad.

3. Las personas tienen derecho a solicitar una supervisión e intervención humana y a impugnar las decisiones automatizadas tomadas por sistemas de inteligencia artificial que produzcan efectos en su esfera personal y patrimonial».

Como se observa claramente, la *Carta* busca marcar las pautas para la aprobación de futura normativa relacionada con la inteligencia artificial y la salud.

4. LA LEY 15/2022, DE 12 DE JULIO, INTEGRAL PARA LA IGUALDAD DE TRATO Y LA NO DISCRIMINACIÓN

Como comentábamos con anterioridad, si bien la *Carta de Derechos Digitales* no tiene carácter normativo, ya ha conseguido uno de sus objetivos, como es el de inspirar futura normativa, con la aprobación de la Ley 15/2022, de 12 de julio, integral para la igualdad de trato y la no discriminación, y la introducción por primera vez en la normativa española de preceptos referentes al uso de la inteligencia artificial.

En efecto, esta Ley contiene la primera regulación positiva del uso de la inteligencia artificial por las Administraciones Públicas y las empresas en nuestro país, afectando, sin duda alguna, al sector sanitario tanto público como privado.

Es cierto que se trata de una regulación programática y en cierto modo voluntarista, que diseña unas grandes líneas de actuación de las Administraciones Públicas, con el objetivo de favorecer, promover y priorizar determinadas políticas y prácticas relacionadas con el uso de algoritmos involucrados en la toma de decisiones.

Así, en primer lugar, el artículo 3.1.*o*) de la ley, al determinar su ámbito objetivo de aplicación indica claramente que esta Ley se aplicará en el ámbito de la «Inteligencia Artificial y gestión masiva de datos, así como otras esferas de análoga significación».

A ello hay que añadir lo dispuesto en el artículo 23 de dicha ley, que bajo el título de «Inteligencia Artificial y mecanismos de toma de decisión automatizados», señala cómo deberán diseñar las Administraciones Públicas los algoritmos utilizados en esa toma de decisiones de la siguiente forma:

> «1. En el marco de la Estrategia Nacional de Inteligencia Artificial, de la *Carta de Derechos Digitales* y de las iniciativas europeas en torno a la Inteligencia Artificial, las Administraciones Públicas favorecerán la puesta en marcha de mecanismos para que los algoritmos involucrados en la toma de decisiones que se utilicen en las Administraciones Públicas tengan en cuenta criterios de minimización de sesgos, transparencia y rendición de cuentas, siempre que sea factible técnicamente. En estos mecanismos se incluirán su diseño y datos de entrenamiento, y abordarán su potencial impacto discriminatorio. Para lograr este fin, se promoverá la realización de evaluaciones de impacto que determinen el posible sesgo discriminatorio.

2. Las Administraciones Públicas, en el marco de sus competencias en el ámbito de los algoritmos involucrados en procesos de toma de decisiones, priorizarán la transparencia en el diseño y la implementación y la capacidad de interpretación de las decisiones adoptadas por los mismos.
3. Las Administraciones Públicas y las empresas promoverán el uso de una Inteligencia Artificial ética, confiable y respetuosa con los derechos fundamentales, siguiendo especialmente las recomendaciones de la Unión Europea en este sentido.
4. Se promoverá un sello de calidad de los algoritmos».

Como se ve, la norma se inspira en la ya mencionada *Carta de Derechos Digitales* y en la *Estrategia Nacional de Inteligencia Artificial*. Esta estrategia, de noviembre de 2020, se orienta a siete objetivos estratégicos, como son la excelencia científica e innovación en inteligencia artificial; la creación de empleo cualificado; la transformación del tejido productivo; la creación de un entorno de confianza en relación a la inteligencia artificial; la incorporación de valores humanistas en la inteligencia artificial y el desarrollo de una inteligencia artificial inclusiva y sostenible, todo ello por medio de seis ejes estratégicos[3]:

(i) Impulsar la investigación científica, el desarrollo tecnológico y la innovación en inteligencia artificial.
(ii) Promover el desarrollo de capacidades digitales, potenciar el talento nacional y atraer talento global en inteligencia artificial.
(iii) Desarrollar plataformas de datos e infraestructuras tecnológicas que den soporte a la inteligencia artificial.
(iv) Integrar la inteligencia artificial en las cadenas de valor para transformar el tejido económico.
(v) Potenciar el uso de la inteligencia artificial en la Administración Pública y en las misiones estratégicas nacionales.

---

[3] Puede consultarse la *Estrategia Nacional de Inteligencia Artificial* en https://www.lamoncloa.gob.es/presidente/actividades/Documents/2020/ENIA2B.pdf

(vi) Establecer un marco ético y normativo que refuerce la protección de los derechos individuales y colectivos, a efectos de garantizar la inclusión y el bienestar social.

5. LA CREACIÓN DE LA AGENCIA ESPAÑOLA DE SUPERVISIÓN DE INTELIGENCIA ARTIFICIAL

Finalmente, y como hecho a celebrar en la apuesta de España por ser pioneros en el ámbito de la regulación y supervisión de la inteligencia artificial, muy recientemente acaba de crearse como entidad de Derecho Público la Agencia Española de Supervisión de Inteligencia Artificial (en adelante, la «AESIA») con la publicación en el *BOE* el pasado 2 de septiembre de 2023 del Real Decreto 729/2023, de 22 de agosto, por el que se aprueba el Estatuto de la Agencia Española de Supervisión de Inteligencia Artificial, fruto del trabajo conjunto del Ministerio de Hacienda y Función Pública y el Ministerio de Asuntos Económicos y Transformación Digital.

Lo cierto y verdad es que ya la Ley 22/2021, de 28 de diciembre, de Presupuestos Generales del Estado para el año 2022, recogía, en su Disposición Adicional 130.ª, la «creación de la Agencia Española de Supervisión de Inteligencia Artificial». Concretamente se autorizaba al Gobierno a impulsar una Ley para la creación de la AESIA, configurada como una Agencia Estatal dotada de personalidad jurídica pública, patrimonio propio y autonomía en su gestión, con potestad administrativa.

Asimismo, la Ley 28/2022, de 21 de diciembre, de fomento del ecosistema de las empresas emergentes, prevé la «creación de la Agencia Española de Supervisión de Inteligencia Artificial», cumpliendo con ello la exigencia prevista en el artículo 91 de la Ley 40/2015, de 1 de octubre, de Régimen Jurídico del Sector Público.

En este sentido, la creación de la AESIA da cumplimiento a lo previsto en el Plan de Recuperación, Transformación, y Resiliencia, donde se asientan diez políticas palanca que dan desarrollo a una agenda de inversiones y reformas estructurales que se interrelacionan y retroalimentan para lograr cuatro objetivos transversales: avanzar hacia una España más verde; más digital; más cohesionada desde el punto de vista social y territorial; y más igualitaria. La sexta de estas políticas es el Pacto por la Ciencia y la Innovación, en el que se inserta la Estrategia Nacional de Inteligencia Artificial (Componente 16, Reforma 1, del Plan de Recuperación, Transformación, y Resiliencia).

Igualmente, la creación de la AESIA está fundamentada en la obligación que, en virtud de lo dispuesto en el Reglamento del Parlamento Europeo y del Consejo por el que se establecen normas armonizadas en materia de inteligencia artificial y se modifican determinados actos legislativos de la Unión (reglamento que analizaremos en otro capítulo), se ha establecido para los Estados miembros capacidad de seleccionar una «autoridad nacional de supervisión» que se encargue de supervisar la aplicación y ejecución de lo dispuesto en el mencionado Reglamento sobre inteligencia artificial, así como de coordinar las actividades encomendadas a dichos Estados miembros, actuar como el punto de contacto único para la Comisión, y representar al Estado miembro en cuestión ante el Comité Europeo de Inteligencia Artificial.

El Reglamento sobre inteligencia artificial contiene una serie de obligaciones que deberán ser asumidas por la autoridad nacional de supervisión designada. Para ello, se plantea la creación de una Agencia Estatal, anticipándonos y preparándonos para la asunción de las obligaciones y responsabilidades que imponga el Reglamento. Por este motivo, este Real Decreto se ha tramitado por la vía administrativa urgente por Acuerdo de Consejo de Ministros, de fecha 13 de junio de 2023.

En otras palabras, la AESIA estará encargada de la asunción de todas aquellas materias y competencias que deban ser asumidas por el Reino de España, como Estado miembro integrante de la Unión Europea (UE) en materia de inteligencia artificial, sobre todo las relacionadas con la supervisión.

Ubicada en La Coruña, con la creación de la AESIA, España se convierte en el primer país europeo en tener un órgano de estas características. Ahora bien, aunque el Real Decreto entró en vigor al día siguiente de su publicación en el *BOE*, su efectiva puesta en funcionamiento se producirá en el momento de la constitución de su Consejo Rector, en el plazo máximo de 3 meses desde la entrada en vigor de este

Real Decreto. En la misma sesión constitutiva se nombrará a la persona titular de la dirección de la agencia, a propuesta de su presidencia.

El Estatuto de la AESIA se divide en 51 artículos, estructurados en siete capítulos. De los mismos merecen destacarse a los efectos de este trabajo los siguientes preceptos:

(i) El artículo 4 sobre «Objeto y fines» que reza lo siguiente:

«1. Corresponde a la Agencia llevar a cabo tareas de supervisión, el asesoramiento, la concienciación y la formación dirigidas a entidades de Derecho Público y Privado para la adecuada implementación de toda la normativa nacional y europea en torno al adecuado uso y desarrollo de los sistemas de inteligencia artificial, más concretamente, de los algoritmos. Además, la Agencia tendrá la función de inspección, comprobación, sanción y demás que le atribuya la normativa europea que le resulte de aplicación y, en especial, en materia de inteligencia artificial. Todo ello sin menoscabo de las competencias y funciones que en este ámbito vienen ejerciendo el Ministerio de Sanidad y la Agencia Española de Medicamentos y Productos Sanitarios, en el ámbito de los medicamentos, productos sanitarios y evaluación de nuevas tecnologías para inclusión en la Cartera de Servicios del Sistema Nacional de Salud, así como el Ministerio de Trabajo y Economía Social y la Inspección de Trabajo y Seguridad Social, en su función de vigilancia del cumplimiento de las normas del orden social y exigencia de responsabilidades, en el ámbito de las relaciones laborales.

2. La Agencia dentro del ámbito de competencias correspondientes al Estado y, de acuerdo con lo dispuesto en los artículos 108 bis a 108 sexies de la Ley 40/2015, de 1 de octubre, tiene por objeto la minimización de los riesgos que puede suponer el uso de esta nueva tecnología, el adecuado desarrollo y potencia-

ción de los sistemas de inteligencia artificial. En el ámbito de la competencia estatal, ejercerá las funciones de autoridad responsable de la supervisión, y en su caso sanción, de los sistemas de inteligencia artificial con el objeto de eliminar o reducir los riesgos para la integridad, la intimidad, la igualdad de trato y la no discriminación, en particular entre mujeres y hombres, y demás derechos fundamentales que pueden verse afectados por el mal uso de los sistemas.

3. Asimismo, la actuación de la Agencia responderá a los siguientes fines:

a) La concienciación, divulgación y promoción de la formación, y del desarrollo y uso responsable, sostenible y confiable de la inteligencia artificial.
b) La definición de mecanismos de asesoramiento y atención a la sociedad y a otros actores relacionados con el desarrollo y uso de la inteligencia artificial.
c) La colaboración y coordinación con otras autoridades, nacionales y supranacionales, de supervisión de inteligencia artificial.
d) El fomento de entornos reales de prueba de los sistemas de inteligencia artificial, para reforzar la protección de los usuarios y evitar sesgos discriminatorios.
e) La supervisión de la puesta en marcha, uso o comercialización de sistemas que incluyan inteligencia artificial y, especialmente, aquellos que puedan suponer riesgos significativos para la salud, seguridad, la igualdad de trato y no discriminación, en particular entre mujeres y hombres, y para los demás derechos fundamentales».

(ii) El artículo 10 referente a las «Competencias» y que dice así:

«1. La Agencia ejercerá las siguientes competencias:

a) La promoción de entornos de prueba que permitan una correcta adaptación de sistemas innovadores de inteligencia artificial a los marcos jurídicos en vigor.

b) El apoyo al desarrollo y uso de sistemas de inteligencia artificial desde una doble perspectiva ambiental y sostenible: promoviendo un desarrollo y uso energéticamente eficiente e impulsando la adopción de esta tecnología para favorecer la resolución de problemas ambientales. Todo ello con el objetivo de fortalecer las sinergias entre las transiciones digital y ecológica para lograr modelos más sostenibles.

c) El apoyo al desarrollo y uso de sistemas de inteligencia artificial con perspectiva de género, incorporando el principio de igualdad de oportunidades entre mujeres y hombres en su diseño y ejecución y promoviendo la realización de evaluaciones de impacto capaces de identificar posibles sesgos discriminatorios por cualquiera de los motivos prohibidos por el ordenamiento jurídico. Todo ello con el objetivo de eliminar los sesgos discriminatorios de cualquier tipo y, en particular, los sesgos de género y los de índole étnico-racial.

d) La ayuda al fortalecimiento de la confianza en la tecnología y aplicación de la inteligencia artificial, a través de la creación de un marco de certificación voluntario para entidades privadas, que permita ofrecer garantías sobre el diseño responsable de soluciones digitales y garantizar los estándares técnicos, evitando la sobrerregulación y permitiendo la innovación.

e) La instrumentalización de los mecanismos de identificación de tendencias y evaluación del impacto social en materia de inteligencia artificial.

f) El alineamiento y coordinación con iniciativas de terceros relacionadas con la aplicación de los sistemas de inteligencia artificial.

g) La creación de conocimiento, formación y difusión en relación con la inteligencia artificial ética y humanista, para mostrar tanto su potencial y oportunidades para el desarrollo socioeconómico, la innovación y la transformación del modelo productivo, como los retos, riesgos e incertidumbres que plantea su desarrollo y adopción.

h) La dinamización del mercado para potenciar iniciativas y prácticas innovadoras y transformadoras en el ámbito de la inteligencia artificial.

i) El impulso de la colaboración público-privada para favorecer la creación de marcos de acompañamiento en el sector de la inteligencia artificial con el fin de impulsar su desarrollo humanista y su correcto uso por parte del tejido productivo-empresarial.

j) La ayuda a la ejecución de programas en el ámbito de la inteligencia artificial a través de acuerdos, convenios o cualquier otro instrumento legalmente previsto para apoyar en la ejecución de programas relacionados con la inteligencia artificial.

k) La supervisión de los sistemas de inteligencia artificial para garantizar el cumplimiento de la normativa, tanto nacional como europea, sobre la inteligencia artificial que lleve aparejada el uso de esta tecnología, cuya competencia sea asumida por la Agencia. Más concretamente, le corresponderá la supervisión y, en su caso, sanción de acuerdo con lo estipulado en la normativa europea en lo que respecta a la supervisión de sistemas de Inteligencia Artificial. El diseño, ejercicio y evaluación de esta función de supervisión se realizará incorporando la perspectiva de género.

l) Cualquier otra función que pudiera ser atribuible a la Agencia por motivo de aplicación de la normativa nacional y europea que entre en vigor en relación al uso seguro y confiable de los sistemas de inteligencia artificial, así como cualquier otra función derivada de los propios cambios disruptivos de esta tecnología que requiera nuevas actuaciones.

2. Asimismo, la Agencia de acuerdo a su naturaleza jurídica y el marco regulatorio vigente, puede ayudar en la ejecución de fondos, teniendo en su caso siempre presente los requerimientos legales exigidos para poder llevarla a cabo.
La Agencia desarrollará estas y las demás funciones detalladas en los Estatutos aprobadas a través de este Real Decreto y serán detalladas en el Plan Inicial de Actuación de la misma».

Del análisis de estos dos artículos se deduce claramente que la AESIA no será una agencia de control de uso tradicional en cuanto a solo supervisión y sanción. En efecto, como acabamos de ver, el artículo 10.1.*h*) dice también que tendrá un papel importante en la dinamización del mercado para potenciar iniciativas y prácticas innovadoras en el ámbito de la inteligencia artificial.

Desde este punto de vista, no es una agencia al uso con objetivos de cumplimiento y de sanción, sino también se pretende que desarrolle competencias que van ligadas al fomento de la inteligencia artificial como iniciativa. En esa misma línea, el artículo 10.1.*i*) menciona el impulso de la colaboración público-privada para el desarrollo de proyectos de inteligencia artificial. Todo ello lo hace, sin lugar a dudas, diferente a otras entidades de control que no funcionan con esta perspectiva de ser un elemento disruptivo.

Por otra parte, otro de los temas a tener en cuenta es cómo se va a gestionar la relación de la AESIA con la propia Agencia Española de Protección de Datos para evitar cualquier tipo de solapamiento o duplicación de funciones toda vez que la tendencia a nivel europeo ha sido que las autoridades de protección de datos cogieran estas competencias en materia de inteligencia artificial. Así se ha hecho en algunos países y parece que el propio supervisor europeo tomará dichas competencias de inteligencia artificial.

En este contexto, en nuestro caso hemos creado una agencia nueva, diferente de la AEPD ya con una trayectoria importante a sus espaldas, con lo cual no cabe otro remedio que una necesaria y máxima coordinación en todo lo que tenga que ver con tratamiento de datos e inteligencia artificial o a la contra, inteligencia artificial que utilice datos personales.

En esta línea se ha pronunciado el antiguo presidente de ENATIC[4], quien espera «que haya una coherencia de criterios y una buena relación entre estos reguladores precisamente para aclarar conceptos al mercado y generar la seguridad jurídica que el mercado demanda en estos momentos, y que no haya interpretaciones diferentes. Estos reguladores están condenados a entenderse. Sabemos que muchas de las inteligencias artificiales que se utilizan o se van a poner en marcha emplean datos personales»[5].

De igual forma, y a los efectos de este trabajo, adviértase cómo el artículo 4.1 contiene una referencia expresa al ámbito sanitario y de la salud pues, tras señalar que corresponde a la AESIA llevar a cabo tareas de supervisión, el asesoramiento, la concienciación y la formación, así como la función de inspección, comprobación, sanción y demás que le atribuya la normativa europea que le resulte de aplicación y, en especial, en materia de inteligencia artificial; a continuación se indica expresamente que «todo ello sin menoscabo de las competencias y funciones que en este ámbito vienen ejerciendo el Ministerio de Sanidad y la Agencia Española de Medicamentos y Productos Sanitarios, en el ámbito de los medicamentos, productos sanitarios y

---

[4] ENATIC es la Asociación de Abogados cuya actividad guarde relación directa o indirecta con la Sociedad de la Información y el mundo de las TIC para poder compartir experiencias, inquietudes, encontrar soluciones y consensuar las líneas rectoras sobre cómo debería ser el Plan de Digitalización de la Abogacía.

[5] Sánchez, L., «Las claves de AESIA, el regulador sobre IA que tendrá un papel dinamizador de esta actividad, según los expertos», *Economist & Jurist*, 8 de septiembre de 2023. Puede consultarse en https://www.economistjurist.es/noticias-juridicas/las-claves-de-aesia-el-regulador-sobre-ia-que-tendra-un-papel-dinamizador-de-esta-actividad-segun-los-expertos/

evaluación de nuevas tecnologías para inclusión en la Cartera de Servicios del Sistema Nacional de Salud». Por tanto, una vez más la coordinación y cooperación entre la AESIA con estos organismos del mundo sanitario también va a resultar clave para la protección de los derechos fundamentales de los pacientes.

Sea como fuere, estamos de enhorabuena ya que la AESIA se convierte en el primer organismo estatal encargado de supervisar la puesta en marcha, uso o comercialización de sistemas que incluyan inteligencia artificial y, especialmente, aquellos que puedan suponer riesgos significativos para la salud, seguridad y los derechos fundamentales.

4

EL ENFOQUE EUROPEO DE LA ECONOMÍA DIGITAL: LIDERAZGO, SOBERANÍA Y DERECHOS DIGITALES

1. EL LIDERAZGO NORMATIVO DE LA UNIÓN EUROPEA

Al margen de la capa normativa nacional o interna, debemos tener en cuenta una capa normativa de orden superior como es la de la propia Unión Europea. Así las cosas, en los últimos tiempos la Comisión Europea ha puesto en marcha un calendario con propuestas normativas en torno a los datos y la inteligencia artificial, en las que teniendo en cuenta que el desarrollo de la tecnología es imparable y que debe generarse confianza en la misma para que no se obstaculice su crecimiento, se pretende proteger la seguridad de los ciudadanos y sus derechos fundamentales, definiendo una serie de riesgos que se consideran inadmisibles y quedando prohibido cualquier sistema de inteligencia artificial que ataque los valores de la Unión Europea[1].

En esta línea, la frase tan utilizada en el mundo de las *startups* y de la innovación de «Estados Unidos crea, China copia y Europa

[1] Ester Sánchez, A. T., «El desafío de la Inteligencia Artificial a la vigencia de los derechos fundamentales», *Cuadernos Electrónicos de Filosofía del Derecho*, 48, 2023, pp. 116-118.

regula», pone de manifiesto el rol de Europa como garante de derechos y libertades también en el entorno digital.

Y es que la Unión Europea aspira a ser una referencia a nivel internacional en relación con el establecimiento de una regulación avanzada y respetuosa con sus valores de la economía digital, como ha sucedido en otros ámbitos en los que ejerce un cierto «liderazgo normativo», como es el caso de la protección de datos personales con la aprobación y entrada en vigor del RGPD y que tanto bien ha hecho a nivel mundial a efectos de privacidad y seguridad de las personas.

«Liderazgo normativo» que tal y como acertadamente ha señalado De Miguel Asensio, «contrasta con la ausencia de liderazgo económico o empresarial.

Ciertamente, en un mundo global resulta claro que esos valores de la Unión Europea en ocasiones divergen de manera significativa de los que prevalecen en otras regiones del mundo, incluso aquellas con las que los valores compartidos son muy significativos. Basta pensar en las diferencias entre la Unión Europea y los Estados Unidos en aspectos de gran trascendencia a estos efectos, como la consideración como derecho fundamental del derecho a la protección de datos personales o las implicaciones de la diferente ponderación entre el derecho a la libertad de expresión y otros derechos fundamentales, a la hora de establecer el régimen de responsabilidad de plataformas en línea cuyo funcionamiento se basa cada vez más en herramientas de inteligencia artificial»[2].

Así las cosas, la experiencia de los últimos años y la ausencia de liderazgo (de empresas) de la Unión Europea en ciertos sectores de la economía digital ponen de manifiesto que en el entorno global de Internet, en el que los modelos de negocio se pueden expandir a ciertos nuevos mercados —como el de la Unión Europea— con facilidad, resulta esencial asegurar que los operadores locales no resulten negativamente afectados por una defectuosa o tardía aplicación del marco normativo europeo a operadores que desarrollan sus modelos de negocio en mercados sin esas limitaciones y lo extienden a la Unión Europea[3].

---

[2] De Miguel Asensio, P. A., «Libro Blanco sobre Inteligencia Artificial: evolución del marco normativo y aplicación efectiva», *La Ley Unión Europea*, n.º 79, marzo de 2020, pp. 1-5.

[3] De Miguel Asensio, P. A., *op. cit.*

En esa línea, y si bien con un paso en ocasiones lento y burocrático, se están desarrollando nuevas iniciativas en la Unión Europea con el ánimo de avanzar en la protección de sus ciudadanos en los entornos digitales y que, sin duda alguna, coadyuvarán a la preservación de un ecosistema digital más seguro.

En efecto, el liderazgo normativo de la Unión Europea en la economía digital está enmarcado en su visión de ser un actor clave en la configuración de las reglas digitales en el ámbito mundial. De este modo, el objetivo de la Unión Europea no es otro que el de establecer estándares rigurosos y garantizar un entorno digital que sea seguro, abierto y justo que le permita reforzar su soberanía digital.

Para lograrlo, la Unión Europea se está centrando en cuestiones tan relevantes como: la regulación de las grandes corporaciones y plataformas tecnológicas, los mercados digitales en los que actúan, así como los servicios que ofrecen; los mercados de criptodivisas; la protección y gobernanza de datos; y la inteligencia artificial. Todo ello intentando equilibrar la protección de los derechos y de la dignidad del ser humano con el impulso, promoción y desarrollo de la innovación y la cooperación internacional.

A las iniciativas vinculadas a los datos y a la inteligencia artificial les dedicaremos los próximos capítulos, capítulos que, por otra parte, nos llevarán a apreciar cómo Europa pretende seguir liderando el desarrollo de un marco normativo garantista para la protección de sus ciudadanos en los entornos digitales existentes y en los futuros que puedan venir, por ejemplo, con el desarrollo de los mundos virtuales del metaverso.

2. HACIA LA SOBERANÍA DIGITAL EUROPEA

La soberanía digital se ha convertido en otro de los grandes temas de creciente importancia para la Unión Europea, ya que la región busca garantizar su independencia y seguridad en un creciente entorno digital global caracterizado por la rivalidad entre Estados Unidos y China para conseguir la hegemonía tecnológica.

Como ha señalado Shapiro «preguntas como, quién es el propietario de las tecnologías del futuro, quién las produce o quién establece las normas y regula su uso, se han convertido en un tema central en la partida geopolítica. Los países de todo el mundo están tratando de dar forma a ese desarrollo tecnológico para obtener los beneficios, tanto económicos como geopolíticos, que surgen de esta era de cambios acelerados. En definitiva, están tratando de proteger su soberanía digital, es decir, su capacidad para controlar las nuevas tecnologías digitales y sus efectos en la sociedad»[4].

En efecto, cuando hablamos de soberanía digital nos estamos refiriendo a la capacidad de un país o región para tener control y autoridad sobre su espacio digital, incluyendo la infraestructura, los datos, el contenido y las actividades en línea de los ciudadanos. Esto puede relacionarse con la protección de los datos personales, la garantía de la seguridad cibernética, la promoción de la innovación digital y el mantenimiento de la integridad de las redes y sistemas de información.

Así las cosas, la Unión Europea ha estado promoviendo activamente la soberanía digital como parte de su estrategia para formar un mercado único digital, en respuesta a la creciente influencia de las grandes empresas de tecnología estadounidenses y chinas.

De este modo, y aunque la Unión Europea reconoce el valor y la contribución de estas empresas a la economía digital, también es consciente de los riesgos potenciales que suponen en términos de dependencia tecnológica, privacidad y seguridad de los datos, y competencia justa.

Una vez más, una de las iniciativas de la Unión Europea que más impacto ha tenido para promover la soberanía digital fue el RGPD. Como veremos en detalle en otro capítulo, este Reglamento ofrece a los ciudadanos de la Unión Europea un control significativo sobre sus datos personales, permitiéndoles decidir cómo y cuándo se utilizan sus datos. A mayor abundamiento, tuvo un impacto más allá de las fronteras de la propia Unión toda vez que requiere que las empresas que quieran ofrecer sus servicios y productos a los ciudadanos de la Unión Europea sean transparentes acerca de sus prácticas de recopilación y uso de datos, estableciendo para ello fuertes sanciones para las violaciones de la privacidad de los datos.

---

[4] Shapiro, J., «Introducción: La soberanía digital de Europa», en *La soberanía digital de Europa: de regulador a superpotencia en la era de la rivalidad entre EE.UU. y China*, Telefónica, julio de 2020, pp. 7-11.

En esta misma línea, la Unión Europea ha adoptado ya y adoptará en el futuro nuevas medidas para potenciar la soberanía digital europea regulando cuestiones que ya hemos mencionado en el epígrafe anterior, pero en las que queremos insistir dada su trascendencia como:

(i) Las grandes plataformas digitales a fin de garantizar una competencia justa.
(ii) Los mercados de criptoactivos.
(iii) La protección y gobernanza de datos.
(iv) Y la inteligencia artificial.

Por otra parte, y al margen del paquete normativo mencionado, y con el objetivo de recuperar el tejido económico europeo tras la grave crisis económico-sanitaria que produjo la COVID-19, la Unión Europea está invirtiendo a través del instrumento excepcional de recuperación temporal conocido como *NextGenerationEU* en infraestructuras clave para mejorar su soberanía digital. Por ejemplo, está promoviendo la adopción de tecnologías 5G y 6G, y está apoyando el desarrollo de tecnologías de computación en la nube y de inteligencia artificial. También está invirtiendo en la formación y educación digital para mejorar las habilidades digitales de sus ciudadanos.

Sin embargo, la soberanía digital de la Unión Europea también afronta varios desafíos, a saber:

(i) En primer lugar, la complejidad de balancear la protección de los principios y derechos digitales de la Unión Europea con el fomento de la innovación y la economía digital.
(ii) En segundo lugar, la dificultad de equilibrar la necesidad de regulación con el riesgo de fragmentación del mercado digital.
(iii) Finalmente, la Unión Europea debe trabajar con otros países y regiones para abordar los desafíos globales de la soberanía digital, como la gobernanza de Internet y la ciberseguridad.

3. LOS PRINCIPIOS Y DERECHOS DIGITALES

El 1 de junio de 2021, la Presidenta de la Comisión Europea, Ursula von der Leyen, manifestaba en Sines (Portugal), en un discurso titulado *Liderando la Década Digital*, lo siguiente:

> «Creemos en una transición digital centrada en el ser humano. Se trata de quiénes queremos ser, como europeos. Para representarlo mejor, vamos a formular un conjunto de principios digitales, como el acceso de toda persona a Internet, un espacio digital seguro, el derecho a adquirir competencias digitales, unos algoritmos respetuosos de las personas y la protección de los niños en el entorno digital. Estos importantes principios completarán los derechos legales que ya protegen a los europeos en línea, como el derecho a la protección de los datos personales o la libertad de expresión».

Así las cosas, una transformación digital centrada en las personas es una de las prioridades clave de la Comisión Europea. De hecho, entre sus objetivos se encuentra el que la transformación digital se ajuste a nuestros valores y leyes europeas.

Por ello, el pasado 23 de enero de 2023, el Parlamento Europeo, el Consejo y la Comisión Europea proclamaron solemnemente la *Declaración sobre los Derechos y Principios Digitales para la Década Digital.*

En ella se manifiesta la voluntad de las instituciones de la Unión Europea de aspirar «a promover una vía europea para la transformación digital basada en los valores europeos y los derechos fundamentales de la Unión Europea, que sitúe a las personas en el centro, reafirme los derechos humanos universales y beneficie a todas las personas, empresas y a la sociedad en su conjunto».

La *Declaración* responde al llamamiento del Parlamento Europeo para que la Unión Europea aborde la transformación digital en plena consonancia con los derechos fundamentales, entre los que destacan las normas sobre protección de datos y la igualdad de trato, así como con principios como la neutralidad tecnológica, la neutralidad de la red y la inclusividad, y para que se refuercen las capacidades y competencias digitales y se fomente un ecosistema educativo digital de alto rendimiento. También tiene en cuenta la petición del Parlamento Europeo de que se protejan los derechos de los usuarios en el entorno digital, se asegure la libertad de prensa y se combata la desinformación.

Así, la *Declaración* de principios y derechos digitales persigue ofrecer a todos un punto de referencia claro sobre el tipo de transformación digital que Europa promueve y defiende. También facilita una guía para los responsables políticos y las empresas en relación con las nuevas tecnologías como la inteligencia artificial. Los derechos y libertades consagrados en el marco jurídico de la Unión Europea y los valores europeos expresados por los principios deben respetarse en línea como lo son fuera de línea. De igual modo, la *Declaración* también define el planteamiento de transformación digital que la Unión Europea fomentará en todo el mundo.

A este respecto, la vicepresidenta ejecutiva para una Europa Adaptada a la Era Digital, Margrethe Vestager, declaró lo siguiente:

> «Queremos tecnologías seguras que sirvan para las personas y que respeten nuestros derechos y valores, también cuando usemos Internet. También deseamos que todo el mundo esté capacitado para participar activamente en nuestras sociedades, cada vez más digitalizadas. Esta declaración nos ofrece un claro punto de referencia en materia de principios y derechos en el mundo en línea».

En la misma línea, el comisario de Mercado Interior, Thierry Breton, manifestó que:

> «Queremos que los europeos sepan esto: al vivir, estudiar, trabajar y hacer negocios en Europa, podrán contar con conectividad de alta calidad, un acceso ininterrumpido a los servicios públicos y un espacio digital seguro y justo. La declaración de principios y derechos también establece de una vez por todas que lo que es ilegal fuera de línea también debe serlo en línea. También aspiramos a promover estos principios como estándar mundial».

De este modo, la *Declaración* comprende principios y derechos clave en materia de transformación digital, tales como el carácter central de las personas y sus derechos, el apoyo a la solidaridad y la inclusión, la garantía de la libertad de elección en línea, el fomento de la participación en el espacio público digital, el aumento de la seguridad, la protección y el empoderamiento de las personas, y la promoción de la sostenibilidad del futuro digital.

Estos principios y derechos deben acompañar a las personas de la Unión Europea en su vida cotidiana: conectividad digital asequible y de alta velocidad en todas partes y para todos, aulas bien equipadas y profesores con competencias digitales, acceso ininterrumpido a los servicios públicos, un entorno digital seguro para los niños, desconexión después del horario laboral, obtención de información de fácil comprensión sobre el impacto medioambiental de nuestros productos digitales, control sobre la manera en que se utilizan sus datos personales y con quién se comparten.

Finalmente, debe tenerse en cuenta que la *Declaración* se funda en el Derecho de la Unión Europea, desde los Tratados hasta la Carta de los Derechos Fundamentales, así como en la jurisprudencia del Tribunal de Justicia. También se basa en el pilar europeo de derechos sociales. Y es que el antiguo presidente del Parlamento Europeo, David Sassoli, promovió la idea del acceso a Internet como nuevo derecho humano en 2018. Por tanto, promover y aplicar los principios establecidos en la *Declaración* es un compromiso político y una responsabilidad compartidos, tanto a nivel de la Unión como de los Estados miembros, dentro de sus respectivas competencias.

En cualquier caso, sobre la *Declaración* y su contenido en relación con la inteligencia artificial y su impacto en el ámbito sanitario volveremos más adelante.

5

LA PROTECCIÓN Y GOBERNANZA DE DATOS EN EL SENO DE LA UNIÓN EUROPEA

1. CONTEXTUALIZANDO LA ECONOMÍA DEL DATO

Vivimos en la era del dato. La digitalización de casi todos los aspectos de nuestra vida ha llevado a que los datos se conviertan en un activo valioso, dando lugar a la economía del dato. Sin embargo, este nuevo paradigma viene acompañado de un desafío importante: la protección de los datos personales.

Y es que ¿sabías que tu próximo movimiento ya ha sido predicho? ¿Sabías que tus gustos han sido destapados? ¿Sabías que con 150 *likes* Meta puede conocerte tan bien como tu madre?

Estas cuestiones parecen más propias de una película de ciencia ficción. Sin embargo, están a la orden del día y la respuesta es clara: *big data*.

El *big data* es uno de los conceptos que están hoy en día de actualidad. Así, y como vimos con anterioridad, se trata de una tecnología de lectura y procesamiento masivo de datos que, combinada con la estadística y el análisis de dichos datos, permite, prácticamente, predecir el futuro.

Es más, para los analistas geopolíticos y geoeconómicos el *big data* se ha convertido en una cuestión fundamental. Así, Olier señala que «la ley de la escasez, con las complejidades de la globalización, toma hoy formas muy diversas. No se trata únicamente de la lucha por los recursos, sino que se adentra en los equilibrios geopolíticos actuales que encierran un modelo nuevo de guerra económica que busca el predominio tecnológico y el dominio de los mercados, a la vez que trata de proteger los sistemas productivos propios; con una nueva dimensión que se da en Internet, que demuestra la importancia de los datos y la lucha por poseer el dominio sobre ellos. Ya no es la informática, son los datos y su análisis con complejos algoritmos los que dan o quitan poder y, en consecuencia, los que determinan lo que es escaso y lo que no lo es»[1].

Finalmente, algunos ya hablan del dataísmo como una nueva religión, como una tecnorreligión. Así, el dataísmo interpreta a toda la especie humana como un único sistema de procesamiento de datos en el que los individuos hacen las veces de chips. De este modo, el valor supremo de la religión dataísta es el «flujo de información»[2].

Así las cosas, y tras haber explicado en capítulos anteriores tanto los conceptos técnicos referentes al *big data* como la regulación española referente a la protección de datos, en este capítulo pretendemos ir más allá y analizar el paquete normativo en materia de datos aprobado en la Unión Europea dada su relevancia en relación con el desarrollo y la implementación de la inteligencia artificial, en general, y de su aplicación, en el ámbito sanitario, en particular.

2. EL IMPACTO DE LA NORMATIVA DE PROTECCIÓN DE DATOS EN EL *BIG DATA*

2.1. LA PROTECCIÓN DE DATOS PERSONALES COMO DERECHO FUNDAMENTAL

Como hemos podido ver, la analítica a partir del *big data* ofrece numerosas ventajas para empresas, particulares, Administraciones y hospitales, pues interpreta una cantidad ingente de datos.

[1] OLIER, E., *La guerra económica global*, Tirant lo Blanch, Valencia, 2018, p. 22.
[2] HARARI, Y.N., *Homo Deus: breve historia del mañana*, Debate, 2016.

Sin embargo, como particulares también nos enfrentamos a riesgos, ¿estamos exponiendo nuestros datos sin control?, ¿nos permitimos asumir un uso legítimo de esos datos, sin preguntarnos qué fin se le va a dar?

En respuesta a estas preguntas, como consecuencia del avance en las tecnologías, y con el objetivo de proteger a los ciudadanos surge en el seno de la Unión Europea las normas para la protección de datos personales, materializadas en el RGPD.

Ahora bien, y como ya señalamos con anterioridad, lo primero que se ha de tener en cuenta es que la protección de las personas físicas, en relación con el tratamiento de datos personales, se concibe en la Unión Europea como un derecho fundamental.

Así, el artículo 8.1 de la Carta de los Derechos Fundamentales de la Unión Europea y el artículo 16.1 del TFUE establecen que toda persona tiene derecho a la protección de datos de carácter personal que le conciernan.

En la misma línea, y como ya hemos visto, en nuestro país la protección de datos de carácter personal deriva del artículo 18 de la Constitución Española de 1978. Dicho artículo está contenido en la Sección 1.ª, del Capítulo II, del Título I de la CE, ostentando la consideración de derecho fundamental. De ese modo, se garantiza en nuestro país el derecho al honor, a la intimidad personal y familiar y a la propia imagen. A su vez, añade el apartado 4 del artículo 18 de la Constitución que «la ley limitará el uso de la informática para garantizar el honor y la intimidad personal y familiar de los ciudadanos y el pleno ejercicio de sus derechos».

Esta doble capa de protección ha derivado también en la aprobación de normativa sobre la materia tanto a nivel europeo como a nivel interno.

Así, en el seno de la Unión Europea se publicó en mayo de 2016 el RGPD, reglamento este que no ha estado plenamente operativo hasta el pasado 25 de mayo de 2018 y que ha supuesto el cambio más significativo en la legislación de protección de datos de la Unión Europea desde el año 1995.

Al desarrollarse dicha materia por medio de un Reglamento, a este se le asocian los siguientes efectos: tiene alcance general, es obligatorio en todos sus elementos y directamente aplicable en cada Estado miembro (art. 288 TFUE). Es decir, no se requiere un acto de trasposición por parte de los Estados miembros para implementar las disposiciones que el RGPD establece.

Por su parte, en España el hecho de tener atribuida la protección como derecho fundamental implica, entre otras cuestiones, la regulación de los mismos mediante Ley Orgánica. De este modo, previamente a la aprobación del Reglamento, se aplicaba en España la Ley Orgánica 15/1999, de 13 de diciembre, de Protección de Datos de Carácter Personal.

De hecho, esta Ley Orgánica adaptó nuestro ordenamiento a las disposiciones de la Directiva 95/46/CE, del Parlamento Europeo y del Consejo, de 24 de octubre de 1995, relativa a la protección de las personas físicas en lo que respecta al tratamiento de datos personales y a la libre circulación de estos.

Así, y como dice el Considerando 3.º del RGPD, la Directiva mencionada trataba de armonizar la protección de los derechos y libertades fundamentales de las personas físicas en relación con las actividades de tratamiento de datos de carácter personal, así como que garantizaba la libre circulación de estos datos entre los Estados miembros.

Sin embargo, debido al aumento de flujos transfronterizos de datos personales en el territorio de la Unión, junto con la rápida evolución tecnológica y la globalización plantearon nuevos retos para la protección de datos personales que debían ser abordados.

Estos avances, entre los que se encuentra la utilización de *big data* para servir a fines tanto públicos como privados, requerían un marco más sólido y coherente para la protección de datos en la Unión Europea, junto con una ejecución más estricta de las normas (Considerando 7.º RGPD).

Estas razones, junto con la idea de reforzar una seguridad jurídica para las personas físicas, fueron inspiradoras para la elaboración del RGPD.

Asimismo, no se debe obviar que, precisamente, como consecuencia del RGPD, en nuestro ordenamiento interno se aprobó la LOPDGDD, ley que además de incorporar el contenido del RGPD incluyó por primera vez en nuestra normativa un catálogo de derechos digitales.

En cualquier caso, y precisamente por estar abordando en este capítulo el marco europeo, nuestro análisis se va a centrar, a continuación, en las principales disposiciones del RGPD[3].

2.2. Definiciones

Una de las grandes fortalezas del RGPD es la de facilitar definiciones razonablemente claras de los principales conceptos a tener en cuenta en materia de protección de datos de carácter personal.

De las mismas, creemos oportuno destacar las siguientes:

(i) Datos personales: toda información sobre una persona física identificada o identificable (el «interesado»).

Se considerará persona física identificable toda persona cuya identidad pueda determinarse, directa o indirectamente, en particular mediante un identificador, como, por ejemplo, un nombre, un número de identificación, datos de localización, un identificador *online* o uno o varios elementos propios de la identidad física, fisiológica, genética, psíquica, económica, cultural o social de dicha persona (art. 4.1 RGPD).

(ii) Interesado: una persona física identificada o identificable sobre la que los datos personales se están tratando (art. 4.1 RGPD).

(iii) Responsable de tratamiento (*controller*): la persona física o jurídica, autoridad pública, servicio u otro organismo que, solo o junto con otros, determine los fines y medios del tratamiento de datos personales; cuando estos son establecidos por las leyes de la Unión Europea o de un Estado miembro de la Unión Europea, el responsable del tratamiento o los criterios específicos para su nombra-

[3] Seguiremos, en esencia, el esquema propuesto por Jones Day, *Guía del Reglamento General de Protección de Datos*. Disponible *online*: https://www.jonesday.com/-/media/files/publications/2017/02/gua-del-reglamento-general-de-proteccin-de-datos/files/gdpr-pocket-guide-a4-spanish-04_17_17/fileattachment/gdpr-pocket-guide-a4-spanish-04_17_17.pdf

miento, podrán ser establecidos por la legislación de la Unión Europea o del Estado miembro de la Unión Europea (art. 4.7 RGPD).

(iv) Encargado del tratamiento (*processor*): la persona física o jurídica, autoridad pública, servicio u otro organismo que trate datos personales por cuenta del responsable del tratamiento (art. 4.8 RGPD).

(v) Destinatario: la persona física o jurídica, autoridad pública, servicio u otro organismo al que se comuniquen datos personales, se trate o no de un tercero (art. 4.9 RGPD).

(vi) Tercero: la persona física o jurídica, autoridad pública, servicio u organismo distinto del interesado, del responsable de tratamiento, del encargado de tratamiento y de las personas autorizadas para tratar los datos personales bajo la autoridad directa del responsable o del encargado (art. 4.10 RGPD).

(vii) Delegado de protección de datos (*data protection officer* o DPO): constituye uno de los elementos claves del RGPD, y un garante del cumplimiento de la normativa de la protección de datos en las organizaciones, sin sustituir las funciones que desarrollan las Autoridades de Control.

(viii) Tratamiento: cualquier operación o conjunto de operaciones realizadas sobre datos personales o conjuntos de datos personales, ya sea por procedimientos automatizados o no, como la recogida, registro, organización, estructuración, conservación, adaptación o modificación, extracción, consulta, utilización, comunicación por transmisión, difusión o cualquier otra forma de habilitación de acceso, cotejo o interconexión, limitación, supresión o destrucción (art. 4.2 RGPD).

(ix) Elaboración de perfiles: toda forma de tratamiento automatizado de datos personales consistente en utilizar datos personales para evaluar determinados aspectos personales de una persona física, en particular para analizar o predecir aspectos relativos al rendimiento profesional, situación económica, salud, preferencias personales, intereses, fiabilidad, comportamiento, ubicación o movimientos de dicha persona física (art. 4.4 RGPD).

(x) Consentimiento del interesado: toda manifestación de voluntad libre, específica, informada e inequívoca por la que el interesado acepta, ya sea mediante una declaración o una clara acción afirmativa, el tratamiento de datos personales que le conciernen (art. 4.11 RGPD).

2.3. ÁMBITO DE APLICACIÓN

El RGPD ha tenido un impacto significativo en todas las compañías que, de una forma u otra, se encuentran implicadas en el tratamiento de datos personales resultando de aplicación, incluso, a multitud de entidades localizadas fuera de la Unión.

De este modo, el RGPD se aplica al tratamiento de datos personales automatizados o que forman parte de un fichero o sistema.

Adicionalmente, tenemos que tener en cuenta una doble perspectiva en lo que se refiere a su ámbito de aplicación (arts. 2 y 3 RGPD), a saber:

(i) Ámbito subjetivo:

a) El RGPD se aplica a ambos, a los responsables y a los encargados del tratamiento.

b) El RGPD no se aplica a un número limitado de áreas, tales como el tratamiento de actividades exclusivamente personales o domésticas.

(ii) Ámbito territorial: especial relevancia tiene el ámbito territorial de aplicación del RGPD pues sus disposiciones se aplicarán al tratamiento de datos en el contexto de un establecimiento en la Unión Europea, así como por un responsable o encargado del tratamiento que no esté establecido en la Unión Europea siempre y cuando los interesados se encuentren el territorio de la Unión.

Esta última aplicación del RGPD se dará únicamente cuando las actividades de tratamiento estén relacionadas con la oferta de bienes o servicios a los interesados, o bien el control de su comportamiento.

2.4. Bases legales para el tratamiento de datos

De acuerdo con lo dispuesto en los artículos 6 a 8 del RGPD, las bases legales para el tratamiento de datos personales bajo el RGPD son:

(i) Cuando el interesado dé su consentimiento.
(ii) Y cuando el tratamiento sea necesario:

a) Para la ejecución o la negociación de un contrato con el interesado.
b) Para cumplir con una obligación legal.
c) Para proteger los intereses vitales del interesado o de otra persona cuando el interesado sea incapaz de dar su consentimiento.
d) Para el cumplimiento de una misión realizada en interés público o en el ejercicio de poder público.
e) Para la satisfacción de los intereses legítimos (pero sujetos a los derechos y libertades fundamentales).

Por otra parte, se han establecido en el RGPD nuevas restricciones sobre el consentimiento, el tratamiento basado en «intereses legítimos» y, el tratamiento para finalidades adicionales:

(i) Para el tratamiento basado en el consentimiento, el responsable debe ser capaz de demostrar que el consentimiento ha sido dado libremente por el interesado, y la solicitud de consentimiento debe ser claramente perceptible.
(ii) El RGPD clarifica cuándo el «interés legítimo» puede ser utilizado como base para el tratamiento (por ejemplo, el *marketing* directo, la prevención del fraude, el intercambio de datos personales dentro de un grupo de empresas para

la administración interna, seguridad de la red y la seguridad de la información) y requiere que el responsable informe al interesado cuando el tratamiento se base en el interés legítimo.

(iii) El RGPD proporciona una lista de criterios que deben considerarse para determinar si el tratamiento de datos para una nueva finalidad es compatible con la finalidad original para la que se recogieron los datos.

2.5. Derechos de los interesados

Uno de los pilares en los que se sostiene el RGPD es en el de los derechos del interesado regulados en los artículos 12 a 17 y 19 a 21. Así, con el RGPD los clásicos derechos ARCO (acceso, rectificación, cancelación y oposición) se mantienen (evolucionados como ahora veremos), obligando, eso sí, a los responsables de tratamiento a ser más transparentes con los interesados.

En este contexto, el RGPD fija su atención sobre las notificaciones de información. En efecto, los individuos deben recibir información acerca de cómo se tratarán sus datos personales, incluyendo los detalles relativos a:

(i) La identidad del responsable e información de contacto.
(ii) Cualquier delegado de protección de datos.
(iii) Las finalidades y bases legales para su tratamiento.
(iv) Cualquier «interés legítimo» que sea la base del tratamiento.
(v) Cualquier transferencia internacional y garantías aplicables.
(vi) El período de retención o los criterios para su determinación.
(vii) El derecho a la portabilidad de datos y los derechos de oposición al tratamiento, de requerir la limitación y de retirar el consentimiento al tratamiento.
(viii) El derecho a reclamar ante una autoridad de control.
(ix) Y cualquier requisito legal o contractual para proporcionar datos, así como las consecuencias de no proporcionarlos.

Por otra parte, la información debe de ser concisa, transparente e inequívoca, en una forma fácilmente accesible y con un lenguaje claro y sencillo, en particular, cuando vaya dirigida a niños.

Además, cuando los datos personales sean obtenidos directamente, el responsable debe indicar qué información es obligatoria y las consecuencias de no proporcionarla.

De igual modo, cuando los datos personales sean obtenidos indirectamente, el responsable debe proporcionar la fuente de la información, incluyendo las fuentes accesibles al público.

Asimismo, y como advertíamos con anterioridad, el RGPD contiene una versión evolucionada de los derechos ARCO. Así, el RGPD se refiere a lo siguiente:

(i) Derecho de acceso: los interesados tienen derecho a obtener copias de sus datos personales, junto con los detalles principales sobre cómo se tratan los datos. Los interesados han visto aumentados los derechos de acceso a sus datos:

  a) Los responsables ya no pueden cobrar una tarifa, pero pueden imponer un canon razonable por las copias adicionales.
  b) Se deben dar detalles de las transferencias internacionales, los períodos de retención, los derechos de rectificación, supresión, limitación de tratamiento; y los derechos de oposición al tratamiento y de presentar una reclamación ante una autoridad de control.
  c) Los responsables deben revelar cualquier fuente de datos, la importancia y las consecuencias de cualquier tratamiento basado en decisiones automatizadas.

(ii) Derecho de rectificación: los interesados tienen el derecho a exigir la rectificación de sus datos personales, sin dilaciones indebidas y el derecho a completar los datos personales que sean incompletos.

(iii) Derecho al olvido: reconocido inicialmente por la jurisprudencia europea, el RGPD concede expresamente el derecho a suprimir los datos personales cuando el tratamiento ya no sea necesario, el consentimiento sea revocado, los intereses legítimos ya no sean aplicables, el tratamiento sea ilegal, o la supresión se requiera por ley, y el responsable debe dar los pasos razonables para informar a otros responsables si ha hecho públicos dichos datos.

(iv) Limitación: se trata del derecho a impedir tratamientos adicionales de datos personales cuando haya un conflicto en cuanto a su exactitud, cuando una oposición al tratamiento haya sido verificada, cuando el tratamiento sea ilegal y el interesado se oponga a la supresión, o cuando los datos ya no sean requeridos por el responsable, pero el interesado los requiera para la formulación, el ejercicio o la defensa de reclamaciones.

(v) Derecho a la portabilidad: consiste en el derecho a exigir que los datos proporcionados por los interesados para su tratamiento con su consentimiento o bajo contrato puedan proporcionarse en una forma de «uso común y lectura por equipos y maquinas» y transmitirse a otro responsable.

En este sentido, no debe olvidarse que, si analizamos el nombre completo del RGPD, este no solo tiene por objeto la protección de datos, sino también la libre circulación de dichos datos, por lo que el derecho a la portabilidad resulta fundamental.

(vi) El responsable debe notificar a los destinatarios sobre cualquier rectificación, supresión y limitación salvo que le sea imposible o exija un esfuerzo desproporcionado. Además, si así lo solicita, el responsable debe comunicar a los interesados la identidad de los destinatarios.

2.6. Mecanismos de gobierno y rendición de cuentas

En los artículos 24, 25, 32, 35, 37, 40 y 42 del RGPD encontramos reflejadas interesantes novedades en relación con los mecanismos de gobierno y la rendición de cuentas en materia de protección de datos de carácter personal.

Así, en primer lugar, el RGPD obliga a los responsables a implementar programas para garantizar el cumplimiento del RGPD y poderlo demostrar ante las autoridades de control e interesados.

En este sentido, los responsables deben implementar las medidas técnicas y organizativas adecuadas, pudiendo incluir:

(i) La implementación de políticas de protección de datos.
(ii) La adhesión a códigos de conducta aprobados.
(iii) La adhesión a mecanismos de certificación aprobados.

Por otra parte, se establece la obligación de implementar la protección de datos por diseño (*privacy by design*) y por defecto (*privacy by default*) de suerte que los responsables deben implementar las medidas técnicas y organizativas adecuadas, diseñadas para implementar los principios de protección de datos, ambas en el momento de determinar los medios de tratamiento, así como durante el tratamiento en sí.

De este modo, se debe tener en cuenta las siguientes técnicas de tratamiento de datos:

(i) Seudonimización de datos: técnica de tratamiento de los datos personales, de forma que no se pueda reconocer la identidad de una persona sin utilizar información adicional.
(ii) Minimización de datos: por defecto, solo deben ser tratados los datos personales necesarios para la finalidad específica.

Además, se impone la obligación de implementar una evaluación de impacto de protección de datos (*privacy impact assessment*). En efecto, antes de que el tratamiento se efectúe, los responsables deben realizar una evaluación de impacto de las actividades que supongan riesgos importantes para los derechos de los interesados (por ejemplo, las decisiones basadas en el tratamiento automatizado o la elaboración de perfiles, el tratamiento a gran escala de datos sensibles y la observación sistemática a gran escala de una zona de acceso público).

De igual modo, se crea la figura del delegado de protección de datos, debiendo nombrarse obligatoriamente uno bajo determinadas condiciones. Así:

(i) Los responsables y encargados deben designar un delegado de protección de datos (DPO) si sus actividades principales requieren una observación habitual y sistemática de interesados a gran escala (*big data*), o el tratamiento de datos sensibles a gran escala. Las autoridades u organismos públicos también han de designar un DPO.
(ii) El nombramiento voluntario de un DPO es posible y, la legislación nacional puede exigir la designación de un DPO también en casos no específicamente descritos en el RGPD.

Finalmente, y como no podía ser de otra forma, se imponen obligaciones en materia de documentación (registros de las actividades de tratamiento). En este sentido, los responsables deben mantener registros de las actividades de tratamiento que contengan cierta información requerida (incluyendo los fines de tratamiento, la descripción de las categorías de los interesados, los datos personales y los destinatarios, las medidas técnicas y organizativas implementadas, y cualquier transferencia de datos a terceros países).

2.7. El encargado del tratamiento: obligaciones y contratos

El RGPD presta especial atención al encargado del tratamiento en los artículos 24 a 33 y 37, pudiendo destacarse dos grandes temáticas en torno a su figura:

(i) Requisitos relativos a los contratos de tratamiento de datos para responsables y encargados:

a) Los responsables solo deben recurrir a los encargados que ofrezcan garantías técnicas y organizativas suficientes de cumplimiento de los requisitos del RGPD.

b) El contrato entre el responsable y el encargado debe constar por escrito.

c) Los contratos de tratamiento deberán estipular lo siguiente:

- El encargado solamente tratará los datos personales de acuerdo con las instrucciones del responsable.
- El encargado debe asegurar que su personal está sujeto a una obligación de confidencialidad.
- El encargado debe implementar las medidas técnicas y organizativas adecuadas para garantizar un nivel de seguridad de los datos personales apropiado al riesgo.
- El encargado no puede subcontratar el tratamiento de datos personales sin la autorización previa y por escrito del responsable.
- Cualquier contrato entre un encargado y un subencargado debe proporcionar las mismas obligaciones de protección de datos que las previstas en el contrato con el responsable.
- El encargado debe asistir al responsable en garantizar el cumplimiento de las obligaciones de seguridad, la evaluación de impacto de protección de datos y la consulta previa a la Autoridad de Protección de Datos para el tratamiento de datos de alto riesgo.
- El encargado debe suprimir o devolver los datos personales cuando el tratamiento se haya completado.
- El encargado debe proporcionar al responsable toda la información necesaria para demostrar el cumplimiento, así como permitir y contribuir a la realización de auditorías.

(ii) Obligaciones directas para los encargados:

a) Excepto en casos limitados para las empresas u organizaciones que emplean a menos de 250 personas:

- El encargado debe mantener un registro por escrito de todas las categorías de tratamiento efectuadas por cuenta de un responsable.
- Y el encargado pondrá dicho registro a disposición de la Autoridad de Protección de Datos que lo solicite.

b) Implementar las medidas técnicas y organizativas adecuadas para garantizar un nivel adecuado de seguridad.

c) Adoptar medidas para asegurar que los miembros del personal con acceso a los datos personales los tratan únicamente de acuerdo con las instrucciones del responsable.

d) Notificar al responsable sin dilación indebida después de tener conocimiento de una violación de la seguridad de los datos personales.

e) Designar un DPO en casos específicos incluso cuando:

- El tratamiento requiera una observación regular y sistemática de interesados a gran escala.
- Y cuando los datos personales relativos a condenas e infracciones penales se traten.

2.8. Seguridad de los datos y notificación de violación de la seguridad de los datos personales

Otro de los temas de especial sensibilidad en el RGPD es el referente a las brechas de seguridad en materia de protección de datos de carácter personal.

Regulado en los artículos 32 a 34 y 37, la normativa gira en torno a los siguientes conceptos fundamentales:

(i) Requisitos en materia de seguridad de datos:

a) Los responsables y encargados deben aplicar las medidas técnicas y organizativas de seguridad apropiadas para garantizar un nivel adecuado de protección de los datos personales.
b) Cuando sea necesario, las medidas de seguridad deberán incluir la seudonimización y el cifrado de datos personales, la capacidad de restaurar los datos personales de forma rápida y un proceso de verificación y evaluación regulares.
c) Los responsables y encargados que realicen tratamientos y una observación de actividades a gran escala deberán designar un DPO.

(ii) Régimen de notificación de violación de la seguridad de los datos personales:

a) Los responsables deben notificar las violaciones de la seguridad de los datos personales a la autoridad de control pertinente sin dilación indebida (cuando sea posible, dentro de las 72 horas posteriores a la detección de la violación), a menos que sea improbable que dicha violación de la seguridad constituya un riesgo para los derechos y libertades de los interesados.
b) Los responsables deben notificar a los interesados afectados por la violación de sus datos personales cuando suponga un alto riesgo para los derechos y libertades de los interesados.
c) Los encargados deben informar sobre las violaciones de la seguridad de los datos personales a los responsables sin dilación indebida y en todos los casos.

2.9. CÓDIGOS DE CONDUCTA Y CERTIFICACIONES

Como ha ocurrido en muchos otros sectores (telecomunicaciones y bancario, entre otros), el RGPD, en sus artículos 40 a 43, reconoce la aprobación de códigos de conducta y la acreditación de certificaciones, sellos y marcas, en particular, a nivel de la Unión Europea, para ayudar a responsables y encargados para demostrar el cumplimiento de las normas de protección de datos.

Así, en relación con los códigos de conducta podemos destacar las siguientes cuestiones:

(i) Bajo el RGPD, las asociaciones y otros organismos representativos pueden elaborar, modificar o ampliar un código de conducta con objeto de especificar cómo el RGPD se aplica a ciertos sectores de la industria.
(ii) El código de conducta debe ser presentado ante la autoridad de control competente para su aprobación, registro y publicación.
(iii) En caso de tratamiento internacional, el código de conducta debe presentarse al Comité Europeo de Protección de Datos para que dé su opinión. La Comisión Europea puede declarar que el código de conducta tiene validez general dentro de la Unión Europea. El Comité recopilará todos los códigos de conducta en un registro disponible al público.
(iv) El cumplimiento con el código de conducta está sujeto a la supervisión de los organismos acreditados. En caso de infracción, la compañía en cuestión puede ser suspendida como entidad adherida al código y se notificará a las autoridades de control competentes.
(v) La adhesión a un código de conducta permite a los responsables y encargados de tratamiento ubicados fuera del Espacio Económico Europeo (en adelante, «EEE») demostrar que han implementado las garantías adecuadas con el fin de permitir las transferencias de datos de los países del EEE a países fuera del EEE.

Y en lo referente a la posibilidad de la utilización de mecanismos de certificación, sellos y marcas se recogen las siguientes pautas:

(i) El establecimiento de mecanismos de certificación de protección de datos, sellos y marcas se promoverá con el fin de demostrar el cumplimiento del RGPD.

(ii) La adhesión a los mecanismos de certificación, sellos y marcas permite a los encargados y responsables de tratamiento ubicados fuera del EEE demostrar que han implementado las garantías adecuadas para permitir las transferencias de datos de los países del EEE a países fuera del EEE.
(iii) La autoridad de control competente o el Comité aprobarán los criterios para las certificaciones. El Comité podrá desarrollar criterios para una certificación única, por ejemplo, el Sello Europeo de Protección de Datos.
(iv) Los organismos de certificación acreditados expedirán las certificaciones. Las acreditaciones de los organismos de certificación serán expedidas por un máximo de cinco años y están sujetas a renovación y revocación en caso de que las condiciones de acreditación dejen de cumplirse. Las certificaciones serán válidas por un máximo de tres años y pueden ser renovadas o revocadas cuando las condiciones para la emisión de la certificación hayan dejado de cumplirse.
(v) El Comité mantendrá un registro disponible al público de todos los mecanismos de certificación, sellos y marcas.

2.10. Transferencias internacionales de datos

Como decíamos con anterioridad, el RGPD no solo se refiere a la protección de los datos personales, sino también a su libre circulación.

A este respecto, todo lo que supone la Unión Europea y el EEE queda debidamente protegido por el RGPD. Ahora bien, el RGPD muestra su preocupación por las transferencias internacionales de datos en los artículos 44 a 50, estableciendo las siguientes reglas:

(i) La Comisión puede adoptar decisiones de adecuación de terceros países, o territorios o sectores dentro de dichos países si se considera que ofrecen un nivel adecuado de protección para las transferencias internacionales. Las transferencias a dichos países, territorios o sectores no requieren de autorizaciones específicas. La lista existente de terceros países considerados como adecuados por parte de la Comisión se mantiene en vigor e incluía el Escudo de Privacidad Unión Europea-Estados Unidos para las transferencias de datos de los países del EEE a los Estados Unidos.

Ahora bien, el 16 de julio de 2020, el Tribunal de Justicia de la Unión Europea (en adelante, el «TJUE») hizo pública una sentencia en la que anulaba la Decisión 2016/1250 de la Comisión que declaraba el nivel adecuado de protección del esquema del Escudo de Privacidad (*Privacy Shield*) para las transferencias internacionales de datos a Estados Unidos, decisión esta que sustituía a su vez a Puerto Seguro, que también fue declarado inválido por el TJUE en octubre de 2015.

Afortunadamente, el pasado 10 de julio de 2023, Bruselas anunció que la transferencia de datos personales a Estados Unidos puede realizarse legalmente tras garantizar las salvaguardias sobre el acceso de las agencias de inteligencia y la creación de un mecanismo de recurso para los residentes en la Unión Europea.

Esta decisión de adecuación significa que Bruselas considera que Washington garantiza un nivel de protección comparable al de la Unión Europea para los datos personales transferidos a empresas estadounidenses.

El acuerdo llega tres años después de que, como acabamos de ver, el TJUE invalidara la anterior decisión de adecuación sobre el Escudo de Privacidad y más de un año después de que la presidenta de la Comisión Europea, Ursula von der Leyen y el presidente de Estados Unidos, Joe Biden anunciaran que habían alcanzado un acuerdo de principio sobre un nuevo marco transatlántico de flujos de datos.

Desde entonces, Biden ha firmado una orden ejecutiva para reforzar las salvaguardias de la privacidad y las libertades civiles de las agencias de inteligencia estadounidenses y crear un nuevo mecanismo independiente y vinculante para que las personas puedan solicitar reparación si creen que sus datos han sido recogidos indebidamente por las agencias de inteligencia[4].

(ii) En ausencia de una decisión de adecuación, los datos personales pueden ser transferidos a terceros países situados fuera del EEE solo cuando se den las garantías adecuadas. Estas garantías incluyen:

a) Las cláusulas contractuales tipo de protección de datos que pueden ser adoptadas o aprobadas por la Comisión.
b) Las normas corporativas vinculantes: son las políticas de protección de datos personales asumidas por un responsable o encargado del tratamiento establecido en el territorio de un Estado miembro de la Unión Europea para transferencias o un conjunto de transferencias de datos personales a un responsable o encargado en uno o más países terceros, dentro de un grupo empresarial o una unión de empresas dedicadas a una actividad económica conjunta.
c) La existencia de un código de conducta válidamente aprobado.
d) La existencia de un mecanismo de certificación aprobado o un instrumento exigible entre las autoridades públicas que esté en vigor.

(iii) En ausencia de una decisión de adecuación o de garantías adecuadas, las transferencias internacionales son posibles bajo una de las siguientes condiciones:

a) El consentimiento explícito otorgado por el interesado después de que este haya sido informado de los posibles riesgos de tales transferencias.

---

[4] Tidey, A., «La UE cree que Estados Unidos es destino seguro para los datos personales europeos», *Euronews*, 10 de julio de 2023. Puede consultarse en https://es.euronews.com/my-europe/2023/07/10/bruselas-dictamina-que-eeuu-es-destino-seguro-para-los-datos-personales-de-la-ue-pero-los-

b) La transferencia sea necesaria para un contrato o para la ejecución de medidas pre-contractuales entre el responsable y el interesado.
c) La transferencia sea necesaria para un contrato concluido en interés del interesado entre el responsable y otra persona jurídica.
d) La transferencia sea necesaria por razones importantes de interés público.
e) La transferencia sea necesaria para el reconocimiento, ejercicio o defensa de reclamaciones.
f) La transferencia sea necesaria para proteger los intereses vitales del interesado o de otras personas cuando el interesado esté física o jurídicamente incapacitado para dar su consentimiento.
g) Y la transferencia se realice desde un registro público.

(iv) Finalmente, el RGPD también se ocupa de situaciones de descubrimiento electrónico a terceros países (*e-discovery*) al indicar que las sentencias o decisiones de las autoridades administrativas de terceros países que requieran la transferencia de los datos personales pueden ser reconocidos o ejecutables solo si se basa en un acuerdo internacional, como un tratado de asistencia jurídica mutua entre el país tercero requirente y la Unión Europea o un Estado miembro de la Unión Europea, sin perjuicio de los motivos mencionados anteriormente para la transferencia de conformidad con el RGPD.

2.11. SUPERVISIÓN POR LAS AUTORIDADES DE PROTECCIÓN DE DATOS

En los artículos 51 a 76 del RGPD se contiene un amplio régimen de supervisión por parte de las autoridades de protección de datos que puede sintetizarse como sigue:

(i) Las Autoridades de Protección de Datos: los Estados miembros mantendrán una o más Autoridades de Protección de Datos por país:

a) La independencia de las Autoridades de Protección de Datos se verá reforzada por medio de las normas relativas al establecimiento de las Autoridades de Protección de Datos y las del nombramiento y cese de sus miembros, entre otras.
b) Las funciones y competencias de las Autoridades de Protección de Datos se han ampliado, incluyendo la facultad de realizar auditorías y poder acceder a las instalaciones de los responsables y encargados.
c) El RGPD establece un mecanismo de ventanilla única mediante el cual las Autoridades de Protección de Datos designan a una Autoridad de Protección de Datos principal (normalmente sobre la base del lugar donde el encargado tenga su establecimiento principal) y cooperará para la adopción de decisiones relativas a transferencias internacionales de datos.

(ii) El Comité Europeo de Protección de Datos: reemplazará al Grupo de Trabajo del artículo 29.

a) El Comité estará compuesto por el director de una Autoridad de Protección de Datos por cada Estado miembro y el Supervisor Europeo de Protección de Datos. Contará de una secretaría permanente proporcionada por el Supervisor Europeo de Protección de Datos y ubicada en Bruselas.
b) El Comité emitirá dictámenes y directrices y garantizará la aplicación coherente del RGPD.
c) El Comité dispone de poderes de decisión vinculantes en el caso de que existan diferencias entre las Autoridades de Protección de Datos en el procedimiento de ventanilla única (por ejemplo, acerca de cuál tendría que ser la Autoridad de Protección de Datos

que deba ser la autoridad principal o en la determinación del contenido de la decisión final en la resolución de disputas).

2.12. Recursos, responsabilidad y sanciones

Finalmente, los artículos 77 a 84 del RGPD contienen un detallado régimen jurídico en relación con los posibles recursos, así como las potenciales responsabilidades y sanciones.

En relación con las reclamaciones, los interesados tienen los siguientes derechos respecto de los responsables y encargados:

(i) Derecho a presentar reclamaciones (a través de las asociaciones representativas, entre otros medios) con las Autoridades de Protección de Datos en el Estado miembro en el que tenga el interesado su residencia, lugar de trabajo o el lugar de la infracción, incluyendo el recurso en caso de que la Autoridad de Protección de Datos no aborde la reclamación.

(ii) Derecho a recurrir las decisiones vinculantes de las Autoridades de Protección de Datos ante los tribunales nacionales.

(iii) Derecho a iniciar procedimientos judiciales ante los tribunales nacionales donde tengan su establecimiento el responsable o el encargado de tratamiento o donde el interesado tenga su residencia.

Por lo que se refiere a la responsabilidad (y las correspondientes indemnizaciones), bajo el RGPD, el responsable y el encargado están obligados a compensar en su totalidad al interesado por el daño material e inmaterial que resulte como consecuencia de una infracción de las provisiones del RGPD.

Esto también se aplica si hay más de un responsable o encargado, o ambos, un responsable y un encargado, compartan la responsabilidad por los daños causados por el tratamiento (responsabilidad solidaria).

Finalmente, en materia de sanciones resulta bastante revelador el Gráfico 5 comparativo entre el régimen anterior y el nuevo aprobado por el RGPD.

GRÁFICO 5

Comparativa regímenes

Norma aplicable	**Sanciones**		
	Leve	***Grave***	***Muy grave***
LOPD/RLOPD	900 - 40.000 €	40.001 - 300.000 €	300.001 - 600.000 €
RGPD	No se establece un rango mínimo de cuantía.	Multa administravia de hasta 10.000.000 € o, en el caso de empresas, de cuantía equivalente al 2% como máximo del volumen de negocio total anual global del ejercicio financiero anterior, lo que resulte mayor en cuantía.	Multa administravia de hasta 20.000.000 € o, en el caso de empresas, de cuantía equivalente al 4% como máximo del volumen de negocio total anual global del ejercicio financiero anterior, lo que resulte mayor en cuantía.

FUENTE: Innovaneeds.

Como se ve, el incremento de las sanciones es simplemente espectacular y aterrador, ya que de aplicarse puede suponer el fin de muchas compañías sin suficientes recursos para hacer frente a las mismas.

En cualquier caso, las sanciones deben determinarse sobre la base de los criterios enumerados en el RGPD y, están sujetas a revisión judicial y al correspondiente procedimiento.

Ahora bien, no debe olvidarse que los Estados miembros de la Unión Europea pueden imponer sanciones adicionales, incluso de carácter penal, por tanto, y como se puede apreciar la normativa sancionadora en materia de protección de datos no es ninguna tontería.

2.13. EL IMPACTO DEL RGPD EN EL SECTOR SANITARIO

La implementación del RGPD ha introducido cambios significativos en la forma en que las organizaciones manejan y protegen la información personal, siendo especialmente sensible en el ámbito sanitario debido a la naturaleza delicada y personal de los datos de salud que se manejan dentro del mismo.

En este sentido, debemos recordar que el artículo 9.1 del RGPD establece la prohibición de tratar determinados datos personales entre los que podemos destacar a estos efectos, el tratamiento de datos genéticos, datos biométricos dirigidos a identificar de manera unívoca a una persona física y datos relativos a la salud.

Ahora bien, como señala el artículo 9.2 del RGPD «el apartado 1 no será de aplicación cuando concurra una de las circunstancias siguientes:

a) el interesado dio su consentimiento explícito para el tratamiento de dichos datos personales con uno o más de los fines especificados, excepto cuando el Derecho de la Unión o de los Estados miembros establezca que la prohibición mencionada en el apartado 1 no puede ser levantada por el interesado;

b) el tratamiento es necesario para el cumplimiento de obligaciones y el ejercicio de derechos específicos del responsable del tratamiento o del interesado en el ámbito del Derecho laboral y de la seguridad y protección social, en la medida en que así lo autorice el Derecho de la Unión de los Estados miembros o un convenio colectivo con arreglo al Derecho de los Estados miembros que establezca garantías adecuadas del respeto de los derechos fundamentales y de los intereses del interesado;

c) el tratamiento es necesario para proteger intereses vitales del interesado o de otra persona física, en el supuesto de que el interesado no esté capacitado, física o jurídicamente, para dar su consentimiento;

d) el tratamiento es efectuado, en el ámbito de sus actividades legítimas y con las debidas garantías, por una fundación, una asociación o cualquier otro organismo sin ánimo de lucro, cuya finalidad sea política, filosófica, religiosa o sindical, siempre que el tratamiento se refiera exclusivamente a los miembros actuales o antiguos de tales organismos o a personas que mantengan contactos regulares con ellos en relación con sus fines y siempre que los datos personales no se comuniquen fuera de ellos sin el consentimiento de los interesados;

e) el tratamiento se refiere a datos personales que el interesado ha hecho manifiestamente públicos;

f) el tratamiento es necesario para la formulación, el ejercicio o la defensa de reclamaciones o cuando los tribunales actúen en ejercicio de su función judicial;

g) el tratamiento es necesario por razones de un interés público esencial, sobre la base del Derecho de la Unión o de los Estados miembros, que debe ser proporcional al objetivo perseguido, respetar en lo esencial el derecho a la protección de datos y establecer medidas adecuadas y específicas para proteger los intereses y derechos fundamentales del interesado;

h) el tratamiento es necesario para fines de medicina preventiva o laboral, evaluación de la capacidad laboral del trabajador, diagnóstico médico, prestación de asistencia o tratamiento de tipo sanitario o social, o gestión de los sistemas y servicios de asistencia sanitaria y social, sobre la base del Derecho de la Unión o de los Estados miembros o en virtud de un contrato con un profesional sanitario y sin perjuicio de las condiciones y garantías contempladas en el apartado 3;

i) el tratamiento es necesario por razones de interés público en el ámbito de la salud pública, como la protección frente a amenazas transfronterizas graves para la salud, o para garantizar elevados niveles de calidad y de seguridad de la asistencia sanitaria y de los medicamentos o productos sanitarios, sobre la base del Derecho de la Unión o de los Estados miembros que establezca medidas adecuadas y específicas para proteger los derechos y libertades del interesado, en particular el secreto profesional;

j) el tratamiento es necesario con fines de archivo en interés público, fines de investigación científica o histórica o fines estadísticos, de conformidad con el artículo 89, apartado 1, sobre la base del Derecho de la Unión o de los Estados miembros, que debe ser proporcional al objetivo perseguido, respetar en lo esencial el derecho a la protección de datos y establecer medidas adecuadas y específicas para proteger los intereses y derechos fundamentales del interesado».

Es más, en el artículo 9.3 insiste en el campo sanitario cuando señala expresamente que «los datos personales a que se refiere el apartado 1 podrán tratarse a los fines citados en el apartado 2, letra *h*), cuando su tratamiento sea realizado por un profesional sujeto a la obligación de secreto profesional, o bajo su responsabilidad, de acuerdo con el Derecho de la Unión o de los Estados miembros o con las normas establecidas por los organismos nacionales competentes, o por cualquier otra persona sujeta también a la obligación de secreto de acuerdo con el Derecho de la Unión o de los Estados miembros o de las normas establecidas por los organismos nacionales competentes».

Y concluye con el artículo 9.4 centrándose una vez más en datos relativos a la salud indicando que «los Estados miembros podrán mantener o introducir condiciones adicionales, inclusive limitaciones, con respecto al tratamiento de datos genéticos, datos biométricos o datos relativos a la salud».

Lo anterior plantea, sin duda, varias complicaciones para el sector sanitario. Así, podemos destacar, por ejemplo, los siguientes desafíos a los que se han tenido y aún hoy tienen que enfrentarse las organizaciones e instituciones vinculadas al ámbito médico-sanitario:

(i) Interoperabilidad: a medida que el sector sanitario avanza hacia la digitalización, la interoperabilidad entre diferentes sistemas se vuelve crucial. Sin embargo, la implementación del RGPD puede complicar estos esfuerzos al introducir requisitos adicionales de privacidad y seguridad que pueden variar entre jurisdicciones.

(ii) Costes asociados: la implementación de las directrices del RGPD puede ser costosa para las instituciones sanitarias, especialmente para las más pequeñas que quizás no tienen recursos dedicados a la gestión de la privacidad de datos.

(iii) Investigación médica: los investigadores de salud también se enfrentan a desafíos únicos en cuanto al consentimiento y el anonimato de los datos, lo cual podría afectar a la calidad y el alcance de las investigaciones futuras.

Pero ahí no queda la cosa, si bien el RGPD constituyó un hito en materia normativa en el seno de la Unión Europea, la aceleración de las tecnologías en los últimos tiempos ha dejado obsoleta parte de su regulación y ha obligado al diseño y aprobación de nuevas iniciativas normativas relacionadas con los datos tal y como vamos a ver a continuación.

3. LA GOBERNANZA EUROPEA DE DATOS: LA DGA

3.1. CONTEXTO

Como estamos viendo a lo largo de todo este trabajo, el potencial económico y social de los datos es enorme: pueden hacer posibles nuevos productos y servicios basados en tecnologías novedosas, aumentar la eficiencia de la producción y proporcionar herramientas para combatir los retos sociales. En el ámbito de la salud, por ejemplo, los datos pueden contribuir a prestar una mejor asistencia sanitaria, mejorar los tratamientos personalizados y ayudar a curar enfermedades raras o crónicas. También es un potente motor de innovación y nuevos empleos, y un recurso fundamental para las empresas de nueva creación y las PYMES.

Sin embargo, este potencial no se está aprovechando. La puesta en común de datos en la Unión Europea sigue siendo limitada debido a una serie de obstáculos (entre ellos, la escasa confianza en la puesta en común de datos, problemas relacionados con la reutilización de datos del sector público y la recopilación de datos para el bien común, así como obstáculos técnicos).

Para aprovechar realmente este enorme potencial, es necesario que haya más datos disponibles, compartidos con confianza y técnicamente fáciles de reutilizar[5].

De ahí que la Unión Europea publicara en su *Diario Oficial* del 3 de junio de 2022, el Reglamento (UE) n.º 2022/868, de 30 de mayo de 2022, relativo a la gobernanza europea de datos, y por el que se

[5] COMISIÓN EUROPEA, *Data Governance Act explained*, última actualización de 30 de agosto de 2022. Puede consultarse en https://digital-strategy.ec.europa.eu/en/policies/data-governance-act-explained

modifica el Reglamento (UE) n.º 2018/1724 (Reglamento de Gobernanza de Datos, en adelante, la «DGA»), norma que entró en vigor el 23 de junio de 2022, y que resulta aplicable desde el 24 de septiembre de 2023.

De este modo, la DGA se erige como un instrumento intersectorial cuyo objetivo es aumentar la disponibilidad de datos regulando la reutilización de datos públicos o protegidos, impulsando el intercambio de datos mediante la regulación de nuevos intermediarios de datos y fomentando el intercambio de datos con fines altruistas. Tanto los datos personales como los no personales entran en el ámbito de aplicación de la DGA, si bien cuando se trata de datos personales se aplica, asimismo, el RGPD, así como las salvaguardias específicas incorporadas en la DGA con el objetivo de aumentar la confianza en el intercambio y la reutilización de datos, un requisito previo para que haya más datos disponibles en el mercado.

Precisamente en lo que se refiere a la reutilización de datos del sector público, la DGA complementa la Directiva (UE) n.º 2019/1024 relativa a los datos abiertos y la reutilización de la información del sector público, de 20 de junio de 2019 (conocida en inglés como *Open Data Directive*). La mayor diferencia entre la DGA y la *Open Data Directive* es precisamente el fomento de la reutilización de aquellos datos sujetos a derechos de terceros (como, por ejemplo, secretos comerciales, datos personales o datos afectados por derechos de propiedad intelectual), que estaba excluida de la *Open Data Directive* y que constituye ahora el centro de la DGA[6].

Resulta claro, por ende, que la intención de la DGA no es otra que impulsar la economía de datos de la Unión Europea y mejorar su competitividad a nivel global, al mismo tiempo que se garantiza el respeto a los altos estándares de protección de datos personales de Europa.

---

[6] Esteban, A.; Alegre, R. y Ivanytska, K., «El Consejo aprueba la *Data Governance Act*, dentro de la Estrategia europea de datos», *Cuatrecasas*, 20 de mayo de 2022. Puede consultarse en https://www.cuatrecasas.com/es/spain/propiedad-intelectual/art/ue-el-consejo-aprueba-la-data-governance-act-dentro-de-la-estrategia-europea-de-datos

3.2. FUNDAMENTO

La DGA, que consta de 38 artículos estructurados en 9 Capítulos y precedidos de 63 Considerandos, tiene por objeto regular:

(i) Las condiciones para la reutilización, dentro de la Unión, de determinadas categorías de datos que obran en poder de organismos del sector público.
(ii) La prestación de servicios de intermediación de datos.
(iii) Las entidades que recojan y traten datos cedidos con fines altruistas.
(iv) Y un Comité Europeo de Innovación en materia de datos.

Así las cosas, la DGA parte del valor central de los datos para la transformación que las tecnologías digitales están suponiendo para la economía y la sociedad.

Por ello, su intención es la de desarrollar «el mercado interior digital sin fronteras y una sociedad y economía de los datos centradas en el ser humano, fiables y seguras». Para ello, tiene la intención de crear «un régimen horizontal para la reutilización de determinadas categorías de datos protegidos en poder de organismos del sector público, y la prestación de servicios de intermediación de datos y de servicios basados en la cesión altruista de datos en la Unión». Y todo ello, sin perjuicio de todas las normativas sectoriales existentes en materias como los datos personales y no personales, los datos abiertos, los derechos de autor y de propiedad intelectual, los secretos industriales, el blanqueo de capitales y los vehículos de motor (Considerando 3).

Se trata de la primera norma emanada de la *Estrategia Digital Europea* puesta en marcha en febrero de 2020 por la Comisión Europea presidida por URSULA VON DER LEYEN y basada en cuatro importantes documentos: las *Comunicaciones COM (2020) 67 final, Configurar el futuro digital de Europa* y *COM (2020) 66 final, Una estrategia europea sobre los datos; el Libro Blanco sobre Inteligencia Artificial COM (2020) 65 final* y *el Informe sobre las implicaciones sobre seguridad y responsabilidad de la Inteligencia Artificial, la internet de las cosas y la robótica COM (2020) 64 final.*

En concreto, en la Comunicación sobre una *Estrategia Europea de Datos*, se señalaba: que su objetivo es «crear un espacio único europeo de datos, un verdadero mercado único de datos, abierto a datos procedentes de todo el mundo, en el que los datos personales y no personales, incluidos los datos sensibles de empresas, estén seguros y las empresas también tengan fácil acceso a una cantidad casi infinita de datos industriales de alta calidad, de manera que se impulse el crecimiento y se cree valor, minimizando al mismo tiempo la huella humana medioambiental y de carbono». Y, a su vez, un espacio «en el que la legislación de la Unión Europea pueda aplicarse con eficacia y en el que todos los productos y servicios basados en los datos cumplan las normas pertinentes del mercado único de la Unión Europea».

Todo ello con la finalidad de garantizar que:

(i) Los datos puedan fluir en la Unión Europea y en todos los sectores.
(ii) Se respeten plenamente las normas y los valores europeos, en particular la protección de los datos personales, la legislación en materia de protección de los consumidores y la legislación en materia de competencia.
(iii) Las normas de acceso a los datos y uso de estos sean justas, prácticas y claras, que existan mecanismos claros y fiables de gobernanza de los datos, y que exista un enfoque abierto, pero firme, en relación con los flujos internacionales de datos, basado en los valores europeos.

Para ello, la *Estrategia* diseñada por la Comisión se basa en cuatro pilares, el primero de los cuales consiste, precisamente, en definir «un marco de gobernanza intersectorial para el acceso a los datos y su utilización».

Sin embargo, «dado que es difícil comprender plenamente todos los elementos de esta transformación hacia una economía ágil en el manejo de los datos, la Comisión se abstiene deliberadamente de elaborar, *ex ante*, una reglamentación demasiado detallada y estricta, y prefiere un planteamiento ágil de la gobernanza que propicie la experimentación (como los espacios controlados de pruebas), la iteración y la diferenciación».

Por tanto, esas estructuras de gobernanza «deben apoyar las decisiones sobre qué datos pueden utilizarse y en qué situaciones, facilitar el uso transfronterizo de los datos y dar prioridad a los requisitos y normas de interoperabilidad dentro de los sectores y entre ellos, teniendo en cuenta al mismo tiempo la necesidad de que las autoridades sectoriales especifiquen los requisitos para cada sector»[7].

3.3. Ámbito de aplicación

La DGA no obliga a los organismos del sector público a permitir la reutilización de datos ni los exime de sus obligaciones de confidencialidad que les imponga el Derecho de la Unión o el nacional, y se entenderá sin perjuicio de las disposiciones específicas en lo referente al acceso a determinadas categorías de datos o a su reutilización, en particular, con respecto a la concesión de acceso a documentos oficiales y su divulgación, ni de las obligaciones de los organismos del sector público de permitir la reutilización de datos, ni de los requisitos relacionados con el tratamiento de datos no personales.

Por otra parte, la norma dispone que en caso de conflicto entre ella misma y el Derecho en materia de protección de datos personales, tanto de la Unión como nacional, prevalecerá el aplicable en materia de protección de datos personales. La DGA no crea una base jurídica para el tratamiento de datos personales y se entenderá sin perjuicio de la aplicación del Derecho de la competencia y de las competencias de los Estados miembros respecto a las actividades relativas a la seguridad pública, la defensa y la seguridad nacional[8].

---

[7] Fernández Hernández, C., «Estructura y contenido del Reglamento (UE) 2022/868, de 30 de mayo, relativo a la gobernanza europea de datos o Reglamento de Gobernanza de Datos», *Diario La Ley*, n.º 62, Sección Ciberderecho, 7 de junio de 2022. Puede consultarse en https://diariolaley.laleynext.es/Content/DocumentoRelacionado.aspx?params=H4sIAAAAAAAEAC2NwWrDQAxEv6Z7KRQ7JXV70MVJb6WUxJRe5V1hL9irVNI68d9n20QwiEFPM7-ZZO3oYuA5aZ5jYHmkSSk6HRNnNYZOsnkDHuF6qHxddHGobeM0549vDV_Ji7UYQ8bxxJI2hUqZ2w4HUjh5XXrdOTzJy5xQIucWpRbagwB3n-qMnVTN89bt5BoAeA7DpSM3BiH8aPIbrwSih-_cCAo3XkuDD-hni73S5vNyndv6fjvnZ_K3qPRDidK4d57BYv2Nh73AAAAWKE

[8] La Ley, «Publicado el nuevo Reglamento europeo de gobernanza de datos», *El Consultor de los Ayuntamientos*, n.º 7, Sección Información / Reseñas Legislativas, julio de 2022, p. 160.

3.4. La cesión de determinadas categorías de datos protegidos en posesión de organismos del sector público para su reutilización

La DGA busca implementar la reutilización de determinadas categorías de datos que poseen los organismos del sector público y que están sujetos a derechos de terceros, sujeto a ciertas condiciones especiales que deben cumplirse.

En efecto, la reutilización de datos prevista en el capítulo II de la norma se aplicará a aquellos que obren en poder de organismos del sector público que estén protegidos por motivos de confidencialidad comercial, incluidos los secretos comerciales, profesionales o empresariales; confidencialidad estadística; protección de los derechos de propiedad intelectual de terceros, o protección de los datos personales, en la medida en que tales datos queden excluidos del ámbito de aplicación de la *Open Data Directive*.

No se aplicará, sin embargo, a:

(i) Los datos que obren en poder de empresas públicas.
(ii) Los que obren en poder de organismos públicos de radiodifusión o de otros organismos para el cumplimiento de una misión de servicio público de radiodifusión.
(iii) Los que obren en poder de centros culturales y de enseñanza.
(iv) Los que obren en poder de organismos del sector público que estén protegidos por motivos de seguridad pública, defensa o seguridad nacional, o los datos cuya facilitación constituya una actividad ajena al ámbito de la misión de servicio público de los organismos del sector público de que se trate.

Sea como fuere, la DGA establece que los organismos del sector público competentes para conceder o denegar acceso para la reutilización de datos publicarán las condiciones en las que se permite tal reutilización y el procedimiento para solicitarla por medio del punto único de información.

Así las cosas, las condiciones de la reutilización no podrán ser discriminatorias, deberán ser transparentes y proporcionadas, y estar justificadas objetivamente respecto de las categorías de datos, los fines de la reutilización y la naturaleza de los datos. Es más, dichas condiciones no podrán utilizarse para restringir la competencia.

Por otra parte, la DGA prohíbe los acuerdos de reutilización por los que se concedan derechos exclusivos o cuyo objetivo o efecto sea restringir la disponibilidad de los datos para su reutilización por otros, salvo que en la medida en que así lo exija la prestación de un servicio o el suministro de un producto de interés general que, de otro modo, no sería posible. En cualquier caso, el tiempo máximo de duración de un derecho exclusivo a reutilizar los datos será de doce meses.

Adviértase, asimismo, que los organismos del sector público podrán establecer, entre otros requisitos, que se conceda acceso para la reutilización de los datos únicamente cuando se garantice que los datos se han anonimizado, en el caso de los datos personales, y modificado, agregado o tratado por cualquier otro método de control de la divulgación, en el caso de la información comercial de carácter confidencial, y que el acceso y reutilización se lleven a cabo en un entorno de tratamiento seguro, facilitado o controlado por el organismo público.

Finalmente, debe de tenerse presente que los organismos públicos que permitan la reutilización de datos podrán cobrar tasas por permitir dicha reutilización. Estas tasas deberán ser transparentes, no discriminatorias y proporcionadas, estarán justificadas objetivamente y no podrán restringir la competencia[9].

3.5. La creación de proveedores de servicios de intermediación de datos

La DGA establece un marco adecuado para potenciar un nuevo modelo de negocio: los servicios de intermediación de datos.

Así las cosas, la DGA detalla determinados servicios de intermediación de datos, a saber:

(i) Servicios de intermediación entre los titulares de datos y los potenciales usuarios de datos, incluida la facilitación

[9] *Vid.* nota 2 anterior.

de los medios técnicos o de otro tipo para habilitar dichos servicios; estos servicios podrán comprender el intercambio bilateral o multilateral de datos o la creación de plataformas o bases de datos u otra infraestructura para la interconexión.

(ii) Servicios de intermediación entre los interesados que deseen facilitar sus datos personales o las personas físicas que deseen facilitar datos no personales y los potenciales usuarios de datos.

(iii) Servicios de cooperativas de datos, que la DGA define como los servicios de intermediación de datos ofrecidos por una estructura organizativa constituida por interesados, empresas unipersonales o pymes, cuyos objetivos principales sean prestar asistencia a sus miembros en el ejercicio de los derechos de estos con respecto a determinados datos, y negociar las condiciones contractuales para el tratamiento de datos en nombre de sus miembros antes de conceder permiso para el tratamiento de datos no personales o antes de dar su consentimiento para el tratamiento de datos personales.

De esta forma, se busca establecer un entorno seguro en que empresas y particulares puedan compartir datos, para ofrecer un servicio entre los titulares de esos datos y entidades que quieran usarlos (públicas o privadas) garantizando su seguridad, disponibilidad, integridad y usabilidad.

Adicionalmente, la DGA establece las condiciones necesarias para la provisión de servicios de intermediación de datos, a saber:

(i) Notificación previa para su registro.

(ii) No utilización de los datos por los servicios de intermediación para fines distintos de su puesta a disposición de los usuarios de datos.

(iii) Presentar un estatus neutral, debiendo distinguir la actividad de intercambio de datos de cualquier otra operación comercial que realicen, no pudiendo utilizar los datos para fines personales o comerciales.

3.6. Cesión altruista de datos

La DGA también impulsa la puesta de datos a disposición del bien común, de forma voluntaria y altruista, con base en un formulario europeo, para permitir el uso de sus datos, sin solicitar contraprestación a cambio (más allá de los costes incurridos en poner sus datos a disposición del interés general), para el avance en determinados temas de especial relevancia como la lucha contra el cambio climático, la asistencia sanitaria, la producción y difusión de estadísticas oficiales, la mejora de los servicios públicos, investigación científica, etc.

De igual forma, cada autoridad competente llevará y actualizará periódicamente un registro público nacional de organizaciones reconocidas de gestión de datos con fines altruistas.

Además, la Comisión completará la DGA con un código normativo en el que se establecerán, entre otros, los requisitos de información para garantizar que se proporciona a los interesados y a los titulares de datos información suficientemente detallada, clara y transparente sobre la utilización de los datos, las herramientas para la concesión y revocación del consentimiento o del permiso, y las medidas adoptadas para evitar el uso indebido de los datos compartidos con la organización de gestión de datos con fines altruistas.

3.7. El Comité Europeo de Innovación en materia de Datos

La DGA prevé la creación del Comité Europeo de Innovación en materia de Datos, un grupo de expertos integrado por representantes de las autoridades competentes en materia de servicios de intermediación de datos y las autoridades competentes para la inscripción en el registro de las organizaciones de gestión de datos con fines altruistas de todos los Estados miembros, el Comité Europeo de Protección de Datos, el Supervisor Europeo de Protección de Datos, ENISA (Agencia de la Unión Europea para la Ciberseguridad), la Comisión, el representante de la Unión Europea para las pymes o un representante designado por la red de representantes nacionales para las pymes y otros representantes de los organismos pertinentes de sectores específicos, así como organismos con conocimientos especializados, que asesorará y asistirá a la Comisión:

(i) En la mejora de la interoperabilidad de los servicios de intermediación de datos.
(ii) En el desarrollo de una práctica coherente de altruismo de datos para toda la Unión Europea.
(iii) Y en el desarrollo de directrices coherentes para el establecimiento de requisitos de ciberseguridad en el intercambio y almacenamiento de datos, entre otras tareas.

3.8. Acceso y transferencia internacional de datos no personales

La DGA establece medidas de salvaguardia para luchar contra las transferencias internacionales de datos ilícitas para los datos del sector público, los servicios de intermediación de datos y las organizaciones de altruismo de datos.

Estas medidas siguen la regulación ofrecida para los datos personales en la normativa de protección de datos (el RGPD), mediante la potencial adopción de decisiones de adecuación para aquellos países de fuera de la Unión Europea que ofrecen garantías adecuadas para el uso de los datos, o, en su ausencia, el establecimiento de cláusulas contractuales tipo[10].

3.9. Régimen sancionador

En relación con posibles sanciones, la DGA señala que los Estados miembros establecerán el régimen de sanciones aplicables a cualquier infracción de las obligaciones relativas a las transferencias de datos no personales a terceros países, la obligación de notificación que incumbe a los proveedores de servicios de intermediación de datos, las condiciones para prestar servicios de intermediación de datos y las

[10] *Vid.* nota 4, capítulo 4.

condiciones para la inscripción en el registro como organización reconocida de gestión de datos con fines altruistas, y adoptarán todas las medidas necesarias para garantizar su ejecución. Tales sanciones habrán de ser efectivas, proporcionadas y disuasorias.

3.10. Impacto de la DGA en el ámbito sanitario

Finalmente, no queremos dejar pasar el buen uso que ya se le está dando en el ámbito sanitario a la DGA por países de nuestro entorno.

Así, podemos destacar, en primer lugar, cómo la autoridad finlandesa de datos sociales y sanitarios (*FINDATA - Social and Health Data Permit Authority*) concede ya permisos para el uso secundario de datos sociales y sanitarios, mejorando la protección de datos de las personas. Tras conceder el permiso, los recopila, combina y preprocesa, ofreciendo, además, herramientas para su análisis.

Ejemplos de las fuentes de datos de Findata son la institución de la seguridad social, el registro de pensiones y el registro de población.

Y, en segundo lugar, también merece ser mencionada la empresa francesa DAMAE Medical que está mejorando su tecnología LCOCT (*Line-field Confocal Optical Coherence Tomography*) que da acceso a imágenes de resolución celular de microestructuras internas de la piel hasta la dermis, de forma inmediata y no invasiva con los nuevos datos de capacitación disponibles a través del Centro de Datos de Salud francés. El objetivo del proyecto es mejorar la capacidad de esta tecnología para identificar mejor los posibles signos de cáncer de piel y demarcar mejor el área de intervención quirúrgica.

4. LA *DATA ACT*

4.1. La *Data Act* como complemento del RGPD y la DGA

Los datos y toda la economía que depende de ellos se han vuelto una cuestión crucial para Europa. De ahí que la Unión Europea haya continuado con la intención de robustecer el marco normativo y, tras el RGPD y la DGA, impulsando la reciente aprobación del Reglamento (UE) 2023/2854 del Parlamento Europeo y del Consejo, de 13 de diciembre de 2023, sobre normas armonizadas para un acceso justo a los datos y su utilización, y por el que se modifican el Reglamento (UE) 2017/2394 y la Directiva (UE) 2020/1828 (Reglamento de Datos), también conocido como *Data Act*.

Así, el Reglamento entró en vigor 20 días después de la publicación en el *Diario Oficial,* siendo aplicable después de 20 meses de su entrada en vigor, salvo determinadas obligaciones de acceso a los datos de productos conectados y servicios relacionados, que serán aplicables 32 meses después de la entrada en vigor, suponiendo, en cualquier caso, una importante contribución al objetivo de transformación digital de la *Década Digital.*

De esta forma, la *Data Act* busca complementar la DGA en el marco de la *Estrategia Europea de Datos* con el fin de maximizar el valor de los datos en la economía y reducir su palmaria infrautilización, para crear así un mercado único abierto de datos. Y es que, si bien la DGA se encarga de habilitar los procesos y estructuras para facilitar los datos, la *Data Act* busca aclarar quién puede crear valor a partir de los datos y bajo qué condiciones[11].

En esencia, la *Data Act* tiene por objeto garantizar la equidad estableciendo normas relativas al uso de los datos generados por los dispositivos de IoT. Ello es debido a que los usuarios de objetos o dispositivos suelen creer que deben tener plenos derechos sobre los datos que generan. Sin embargo, a menudo, estos derechos no están claros. Y, los fabricantes no siempre diseñan sus productos de manera que permitan a los usuarios, tanto profesionales como consumidores, aprovechar plenamente los datos digitales que crean al utilizar objetos del IoT. Ello conduce a una situación en la que no hay una distribución justa de la capacidad de aprovechar esos importantes datos digitales, lo que frena la digitalización y la creación de valor.

Asimismo, la *Data Act* aspira a garantizar la coherencia entre los derechos de acceso a los datos, que, a menudo, se desarrollan para

---

[11] Sánchez, A. y Moreno, A., «Data Act: La negociación del texto final a tres bandas», *Cuatrecasas,* 30 de mayo de 2023. Puede consultarse en https://www.cuatrecasas.com/es/spain/propiedad-intelectual/art/data-act-negociacion-texto-final-tres-bandas

situaciones específicas y con diferentes normas y condiciones. Si bien la *Data Act* se entiende sin perjuicio de las obligaciones de acceso a los datos existentes, cualquier futura normativa debe ser coherente con ella. De igual forma, las normas existentes deben evaluarse y, si procede, ajustarse a la *Data Act* cuando sea necesaria su revisión[12].

4.2. ¿CÓMO FUNCIONARÁ EN LA PRÁCTICA?

La *Data Act* hará que haya más datos disponibles en beneficio de empresas, ciudadanos y Administraciones Públicas mediante la implementación de un conjunto de medidas como:

(i) Medidas para aumentar la seguridad jurídica de las empresas y los consumidores que generan datos sobre quién puede utilizarlos y en qué condiciones, e incentivos para que los fabricantes sigan invirtiendo en la generación de datos de alta calidad. Estas medidas facilitarán la transferencia de datos entre proveedores de servicios y animarán a más agentes, independientemente de su tamaño, a participar en la economía de los datos.

(ii) Medidas para evitar el abuso de los desequilibrios contractuales que obstaculizan el intercambio equitativo de datos. Las pymes estarán protegidas contra las cláusulas contractuales abusivas impuestas por una parte que goce de una posición de mercado significativamente más fuerte. La Comisión también desarrollará cláusulas contractuales modelo para ayudar a estos participantes en el mercado a redactar y negociar contratos justos de intercambio de datos.

(iii) Medios para que los organismos del sector público accedan y utilicen los datos en poder del sector privado que sean necesarios para fines específicos de interés público. Por ejemplo, para desarrollar conocimientos que permitan

[12] COMISIÓN EUROPEA, *Data Act*, última actualización de 28 de junio de 2023. Puede consultarse en https://digital-strategy.ec.europa.eu/es/policies/data-act.

responder con rapidez y seguridad a una emergencia pública, minimizando al mismo tiempo la carga para las empresas.

(iv) Nuevas normas que establezcan las condiciones marco adecuadas para que los clientes puedan cambiar de manera efectiva entre distintos proveedores de servicios de tratamiento de datos para desbloquear el mercado de la nube en la Unión Europea. Estas normas también contribuirán a crear un marco general para una interoperabilidad eficaz de los datos.

Además, la *Data Act* busca revisar también determinados aspectos de la Directiva n.º 96/9/CE del Parlamento Europeo y del Consejo, de 11 de marzo de 1996, sobre la protección jurídica de las bases de datos. En particular, aclara el papel del derecho *sui generis* sobre bases de datos (es decir, el derecho a proteger el contenido de determinadas bases de datos) y su aplicación a las bases de datos resultantes de datos generados u obtenidos por dispositivos de IoT. Ello garantizará que el equilibrio entre los intereses de los titulares de los datos y los usuarios se ajuste a los objetivos más amplios de la política de datos de la Unión Europea[13].

4.3. Impacto en toda la Unión Europea

Así las cosas, la *Data Act* actuará no solo como un potente catalizador de innovación, sino que, también, contribuirá a la creación de nuevos empleos, permitiendo a la Unión Europea situarse a la vanguardia de la segunda ola de innovación basada en los datos.

De manera sintética, la *Data Act* centra su atención sobre las siguientes cuestiones:

(i) Transferencia y control de datos: cuando se compra un producto «tradicional», se adquieren todas sus piezas y accesorios. Sin embargo, cuando se compra un producto

[13] *Vid.* nota 6 anterior.

conectado que genera datos, a menudo, no está claro quién puede hacer qué con ellos. Al permitir a los usuarios transferir (*port*) sus datos más fácilmente, la *Data Act* dará tanto a particulares como a empresas más control sobre los datos que generan mediante el uso de objetos, máquinas y dispositivos inteligentes, permitiéndoles así disfrutar de las ventajas de la digitalización de los productos.

(ii) Posventa basada en datos: al tener acceso a los datos pertinentes, los proveedores de servicios posventa podrán mejorar e innovar sus servicios y competir en igualdad de condiciones con los servicios comparables ofrecidos por los fabricantes. Por tanto, los usuarios de productos conectados podrían optar por un proveedor de reparación y mantenimiento más barato, o mantenerlo y repararlo ellos mismos. De este modo, se beneficiarían de precios más bajos en ese mercado. De igual forma, ello podría alargar la vida útil de los productos conectados, contribuyendo así a los objetivos del *Green Deal* europeo.

(iii) La disponibilidad de datos sobre el funcionamiento de los equipos industriales permitirá optimizar los talleres de las fábricas: las fábricas, explotaciones agrícolas y empresas de construcción podrán optimizar los ciclos operativos, las líneas de producción y la gestión de la cadena de suministro, incluso basándose en el aprendizaje automático.

(iv) Agricultura de precisión: en la agricultura de precisión, el análisis IoT de los datos procedentes de los equipos conectados puede ayudar a los agricultores a analizar en tiempo real datos como el tiempo, la temperatura, la humedad, los precios o las señales GPS y proporcionar información sobre cómo optimizar y aumentar el rendimiento. Esto mejorará la planificación de las explotaciones y ayudará a los agricultores a tomar decisiones sobre el nivel de recursos necesarios.

(v) Mejoras en la competencia y en la innovación: las empresas de la Unión Europea, especialmente las pymes, ten-

> drán más posibilidades de competir e innovar a partir de los datos que generan gracias a los derechos de acceso y portabilidad de datos. Será más fácil transferir datos a los proveedores de servicios y entre ellos, lo que animará a más agentes, independientemente de su tamaño, a participar en la economía de los datos.

En definitiva, en un contexto donde la utilización y acceso a ingentes cantidades de datos para la toma de decisiones informadas resulta de absoluta relevancia, la *Data Act* plantea con acierto una mayor disponibilidad para su reutilización, permitiendo la libre circulación de datos dentro de la Unión Europea y entre sectores, en beneficio de empresas, investigadores, Administraciones Públicas y la sociedad en general[14].

5. LA PROPUESTA DE REGLAMENTO PARA CREAR EL ESPACIO EUROPEO DE DATOS SANITARIOS

Finalmente, debemos reseñar que la Comisión Europea presentó el 3 de mayo de 2022, una propuesta de Reglamento para crear el Espacio Europeo de Datos Sanitarios (en adelante, el «EEDS») con el objetivo de liberar todo el potencial de los datos sanitarios y potenciar el concepto de una Unión Europea de la Salud fuerte[15].

Y es que la pandemia causada por la COVID-19 ha resultado una prueba evidente de la importancia de los servicios digitales en el ámbito de la salud. Durante este tiempo, la adopción de herramientas digitales ha aumentado significativamente. Sin embargo, debido a la complejidad de las normas, las estructuras y los procesos en los Esta-

---

[14] Morgado, C. y Eguiluz, J. A., «Data Act: Nuevo proyecto normativo europeo sobre datos», *Cuatrecasas*, 25 de febrero de 2023. Puede consultarse en https://www.cuatrecasas.com/es/spain/propiedad-intelectual/art/eu-data-act-nuevo-proyecto-normativo-europeo-sobre-datos

[15] Comisión Europea, *Espacio Europeo de Datos Sanitarios (EEDS)*. Puede consultarse en https://health.ec.europa.eu/ehealth-digital-health-and-care/european-health-data-space_es; y Comisión Europea, *Unión Europea de la Salud: Un espacio europeo de datos sanitarios para las personas y la ciencia*, 3 de mayo de 2022. Puede consultarse en https://ec.europa.eu/commission/presscorner/detail/es/ip_22_2711.

dos miembros, resulta difícil acceder a datos sanitarios e intercambiarlos, especialmente de forma transfronteriza, no pudiendo obviarse, además, que cada vez se producen más ciberataques contra los sistemas sanitarios.

Esta propuesta de Reglamento forma parte de la Estrategia Europea de Datos que ha venido impulsando la Comisión desde 2020, por lo que la misma viene a complementar otras normas que se han ido desarrollando en este ámbito tales como el RGPD, la DGA, la *Data Act* y la Directiva sobre Ciberseguridad. Así, sirve de complemento a estas iniciativas y establece normas mejor adaptadas al sector sanitario.

De este modo, el EEDS aprovechará el despliegue, actual y futuro, de bienes digitales públicos en la Unión Europea, como la inteligencia artificial, la informática de alto rendimiento, la nube y los soportes intermedios inteligentes. Aparte, el EEDS contará con el apoyo de marcos en materia de inteligencia artificial, identidad electrónica y ciberseguridad.

Así las cosas, la propuesta de Reglamento tiene por objeto:

(i) Ayudar a las personas a tomar el control de sus propios datos sanitarios, tanto en su país como de forma transfronteriza. Así:

a) Gracias al EEDS, las personas tendrán un acceso inmediato, gratuito y fácil a sus datos en formato electrónico. Podrán intercambiar fácilmente estos datos con otros profesionales de la salud de la Unión Europea y de forma transfronteriza para mejorar la prestación de asistencia sanitaria. Asimismo, tendrán pleno control de sus datos y podrán añadir información, rectificar datos erróneos, restringir el acceso por parte de terceros y obtener información sobre cómo se utilizan sus datos y con qué finalidad.

b) Los Estados miembros deberán procurar que los historiales resumidos de los pacientes, las recetas electrónicas, las imágenes médicas y los informes de imagen, los resultados de laboratorio y los informes de alta se emitan y se acepten en un formato europeo común.

c) La interoperabilidad y la seguridad pasarán a ser requisitos obligatorios. Los fabricantes de sistemas de historiales médicos electrónicos deberán certificar el cumplimiento de estas normas.

d) Para garantizar la protección de los derechos de la ciudadanía, todos los Estados miembros deben designar autoridades sanitarias digitales. Estas autoridades deberán formar parte de una infraestructura digital transfronteriza (MyHealth@EU) que asistirá a los pacientes en el intercambio transfronterizo de sus datos.

(ii) Apoyar el uso de datos sanitarios para mejorar la prestación de asistencia sanitaria, la investigación, la innovación y la elaboración de políticas. De este modo:

a) El EEDS crea un marco jurídico sólido para el uso de datos sanitarios con fines de investigación, innovación, salud pública, elaboración de políticas y reglamentación. Las personas que trabajen en la investigación y en la innovación, las instituciones públicas o la industria tendrán acceso, bajo condiciones estrictas, a grandes cantidades de datos sanitarios de alta calidad, que serán esenciales para desarrollar medicamentos, vacunas o tratamientos capaces de salvar vidas, y que garantizarán un mejor acceso a la asistencia sanitaria y unos sistemas de salud más resilientes.

b) Para acceder a estos datos, los investigadores, las empresas o las instituciones deberán solicitar un permiso desde un organismo de acceso a los datos sanitarios; en todos los Estados miembros debe establecerse uno. Solo se concederá el acceso si los datos solicitados se usan para fines específicos, en entornos cerrados y seguros y sin revelar la identidad de las personas. También estará terminantemente prohibido usar los datos para decisiones que perjudiquen a las personas, como concebir productos o servicios dañinos o aumentar una prima de seguros.

c) Los organismos de acceso a los datos sanitarios estarán conectados a la nueva infraestructura descentralizada de la UE para uso secundario (HealthData@EU), que se creará para apoyar proyectos transfronterizos.

(iii) Y permitir a la Unión Europea aprovechar plenamente el potencial que ofrece el intercambio, el uso y la reutilización seguros y protegidos de los datos sanitarios.

Entre otras cuestiones, la propuesta de Reglamento entra a regular los siguientes asuntos[16]:

(i) Fines del uso secundario, que incluyen la protección contra las amenazas transfronterizas graves para la salud, la vigilancia de la salud pública, la elaboración de estadísticas oficiales, la investigación científica, así como las actividades de innovación etc. El concepto «uso secundario» se entiende como la utilización de los datos con fines distintos de la finalidad inicial, en el marco de la misión pública para la que se produjeron los datos.

(ii) Categorías de datos sanitarios que pueden reutilizarse, por ejemplo:

a) Datos que afectan a la salud.
b) Datos genómicos relevantes del patógeno.
c) Datos sanitarios electrónicos procedentes de registros médicos de enfermedades específicas o de ensayos clínicos.
d) Y datos administrativos relacionados con la salud, etc.

---

[16] PARDO, I., e IVANYTSKA, K., «Propuesta de reglamento para la reutilización de los datos sanitarios», *Cuatrecasas*, 11 de julio de 2022. Puede consultarse en https://www.cuatrecasas.com/es/spain/art/eu-propuesta-de-reglamento-para-la-reutilizacion-de-los-datos-sanitarios.

(iii) Restricciones. Los datos sanitarios no pueden reutilizarse, entre otros usos, para:

a) Tomar decisiones perjudiciales para el interesado.
b) Actividades publicitarias o de *marketing*.
c) Desarrollo de productos que puedan perjudicar a las personas y a la sociedad en general (drogas, bebidas alcohólicas, etc.).

(iv) Autoridad pública responsable. Los Estados miembros crearán una autoridad de acceso a los datos sanitarios responsable de conceder el acceso a los datos sanitarios electrónicos para uso secundario.
(v) Tasa de uso secundario. La autoridad de acceso a los datos sanitarios y/o los titulares de datos individuales pueden cobrar tasas por poner a disposición los datos sanitarios electrónicos para su uso secundario.

De este modo, con esta propuesta de Reglamento se busca fomentar un auténtico mercado único de servicios y productos sanitarios digitales, proporcionando, asimismo, un marco eficiente, fiable y coherente para usar los datos sanitarios en investigación, innovación, elaboración de políticas y reglamentación, y garantizándose a su vez el pleno cumplimiento de las estrictas normas de protección de datos de la Unión Europea.

Al respecto, el vicepresidente primero de la Comisión Europea, Margaritis Schinas, declaró lo siguiente:

> «Estoy orgulloso de anunciar el primer espacio común de datos de la UE en un ámbito específico. El espacio europeo de datos sanitarios supondrá un "nuevo comienzo" para la política sanitaria digital de la UE, puesto que pondrá los datos sanitarios al servicio de la ciudadanía y de la ciencia. Hoy sentamos las bases de un acceso seguro y fiable a los datos sanitarios, en concordancia con los valores fundamentales de la UE».

Por su parte, STELLA KYRIAKIDES, comisaria de Salud y Seguridad Alimentaria, añadió lo siguiente:

> «Hoy ponemos en marcha otro pilar de la Unión Europea de la Salud. Nuestra visión se convierte en realidad: el espacio europeo de datos sanitarios va a marcar un antes y un después en la transformación digital de la atención sanitaria en la Unión. Se centra en las personas y les permite controlar sus propios datos para gozar de una mejor asistencia sanitaria en toda la UE. Estos datos, a los que se accede con sólidas garantías de seguridad y privacidad, también serán un auténtico tesoro para los científicos, los investigadores, los innovadores y los responsables políticos que trabajen en el próximo tratamiento destinado a salvar vidas. Se trata de un verdadero paso histórico hacia la asistencia sanitaria digital en la UE».

En cualquier caso, la normativa que regulará la propuesta de la Comisión está aún a la espera de tomar su forma definitiva. En este sentido, más de un año después de la presentación de la propuesta definitiva de la Comisión Europea para la creación de un EEDS, la normativa que lo regulará está aún a la espera de que tome forma su versión final. Y es que las más de 2.100 enmiendas que han presentado los eurodiputados pueden influir considerablemente en el texto original de la Comisión[17].

Así las cosas, y teniendo en cuenta los distintos actores a los que será de aplicación esta propuesta de Reglamento (desde responsables y encargados del tratamiento situados en la Unión Europea que traten esta tipología de datos hasta fabricantes y proveedores de sistemas de registros médicos electrónicos y aplicaciones del bienestar comercializados en la Unión Europea) debemos permanecer atentos a los desarrollos que se produzcan no solo en el contenido del Reglamento, sino también en la propia implementación del EEDS.

---

[17] GAIL, M., «La futura regulación del Espacio Europeo de Datos Sanitarios, en el horizonte», *El Global*, 18 de mayo de 2023. Puede consultarse en https://elglobal.es/politica/la-futura-regulacion-del-espacio-europeo-de-datos-sanitarios-en-el-horizonte/

6

LA NORMATIVA EUROPEA SOBRE INTELIGENCIA ARTIFICIAL

1. LA APROXIMACIÓN DE LA UNIÓN EUROPEA A LA INTELIGENCIA ARTIFICIAL

En esa vocación de liderazgo normativo que comentábamos en páginas previas respecto de la Unión Europea, debemos tener presente que, en la última década la Comisión Europea ha puesto en marcha un calendario de propuestas normativas relacionadas con la inteligencia artificial, en las que, partiendo de que la evolución y mejora de la tecnología son imparables y que debe generarse confianza en la misma para que no se obstaculice su crecimiento, se busca salvaguardar la seguridad de los ciudadanos y sus derechos fundamentales, definiendo una serie de riesgos que se consideran inadmisibles y quedando prohibido cualquier sistema de inteligencia artificial que conculque los valores de la Unión Europea[1].

En efecto, en el año 2010 se desarrolló la *Agenda Digital para Europa* con una duración temporal de 10 años, en donde se reconoció el valor de las TIC en el desarrollo de la Unión Europea. Más tarde,

[1] Ester Sánchez, A. T., «El desafío de la Inteligencia Artificial a la vigencia de los derechos fundamentales», *Cuadernos Electrónicos de Filosofía del Derecho*, 48, 2023, pp. 116-118.

en 2015, la *Estrategia para el Marco Único Digital* supuso un desarrollo de la *Agenda Digital* para garantizar un entorno justo, abierto y seguro en el acceso de consumidores y empresas a los derechos, servicios e instrumentos digitales.

En el año 2018 dos relevantes documentos de la Comisión Europea vieron la luz: la *Comunicación de la Comisión Europea Inteligencia artificial para Europa COM (2018) 237, de 27 de abril*; y el *Plan coordinado sobre la inteligencia artificial, Comunicación de la Comisión Europea COM (2018) 795, de 7 de diciembre*, donde la cuestión se aborda en profundidad y se sientan las bases para los pasos sucesivos. Poco más tarde se aprobó la *Comunicación COM (2019) 168, de 8 de abril, Generar confianza en la inteligencia artificial centrada en el ser humano.*

También en abril de 2019 el Grupo de Expertos de Alto Nivel sobre Inteligencia Artificial (creado por la Comisión Europea en 2018) publicó un documento llamado *Directrices Éticas para una IA fiable*, en la que proponían que la inteligencia artificial será fiable si es «lícita, ética y robusta». Y el objeto de tales directrices fue el establecimiento de un marco para conseguir una inteligencia artificial fiable.

En esta misma línea, el 19 de febrero de 2020, la Comisión Europea presentó el *Libro Blanco sobre inteligencia artificial —un enfoque europeo orientado a la excelencia y a la confianza—*, en el que considera conveniente mejorar el marco normativo europeo.

En ese mismo año 2020 se aprueba la segunda *Estrategia Digital para Europa* con una duración de quince años denominada *Configurar el futuro digital en Europa*, siendo complementada en 2021 por la *Comunicación Brújula Digital: el enfoque de Europa para el Decenio Digital.*

En abril de 2021 la Comisión Europea presenta la «Propuesta de Reglamento del Parlamento Europeo y del Consejo por el que se establecen normas armonizadas en materia de inteligencia artificial (Reglamento de Inteligencia Artificial) y se modifican determinados actos legislativos de la Unión», texto sobre el que se ha estado trabajando desde hace tiempo y que, como ahora veremos, ha sufrido varias modificaciones de calado que se han visto reflejadas en su publicación definitiva en el *DOUE*, al haber emergido la tan disruptiva inteligencia artificial generativa, pero que, en cualquier caso, puede convertirse en la piedra angular sobre la que gire toda la normativa sobre inteligencia artificial no solo en Europa, sino al igual que ocurrió con el RGPD, a nivel mundial.

2. EL LIBRO BLANCO SOBRE LA INTELIGENCIA ARTIFICIAL

La estrategia europea en materia de inteligencia artificial lanzada en 2018 cristalizó a través de la publicación el 19 de febrero de 2020 del *Libro Blanco sobre la inteligencia artificial - un enfoque europeo orientado a la excelencia y la confianza*[2].

El *Libro Blanco* establece una hoja de ruta para el desarrollo y regulación de la inteligencia artificial en la Unión Europea reflejando el compromiso de la Unión en ser líder en la implementación de esta tecnología, asegurando que se desarrolla y utiliza de manera ética, segura y en beneficio de todos los ciudadanos y la economía.

Así las cosas, el *Libro Blanco* gira sobre los siguientes ejes[3]: el ecosistema de excelencia y el ecosistema de confianza.

2.1. El ecosistema de excelencia

Para alcanzar la excelencia en la implementación de la inteligencia artificial, la Comisión propone inversiones significativas en investigación y desarrollo. De esta forma, se busca impulsar la colaboración entre instituciones educativas, empresas y gobiernos para desarrollar un ecosistema de inteligencia artificial innovador y competitivo. Además, se enfoca en fortalecer y atraer talento, así como facilitar el acceso a grandes conjuntos de datos para entrenar sistemas de inteligencia artificial.

En definitiva, con esta expresión, la Comisión Europea se refiere a la necesidad de crear un entorno adecuado que potencie la inteli-

---

[2] Puede consultarse en https://eur-lex.europa.eu/legal-content/ES/TXT/PDF/?uri=CELEX:52020DC0065

[3] Muchas de las consideraciones que realizaremos, a continuación, están basadas en los planteamientos realizados por Gamero Casado, E., «El enfoque europeo de inteligencia artificial», *Revista de Derecho Administrativo*, CDA, 2021, pp. 272-276.

gencia artificial de modo que beneficie al conjunto de la economía y del sector público de la Unión Europea. Se trata, esencialmente, de un marco político.

2.2. El ecosistema de confianza

Si la excelencia no era otra cosa que un marco político que impulsase la innovación y el desarrollo de la inteligencia artificial, la confianza pretende ser el pilar de un marco normativo antropocentrista que proteja los derechos fundamentales de los ciudadanos y los valores de la Unión Europea de una tecnología que puede llegar a convertirse en intrusiva y peligrosa.

En efecto, la Comisión reconoce la importancia de desarrollar un marco ético que asegure la confianza en la inteligencia artificial. Por ello, el *Libro Blanco* enfatiza que la inteligencia artificial debe respetar los valores europeos y derechos fundamentales como la privacidad, dignidad, libertad y no discriminación, abogando, asimismo, por una inteligencia artificial transparente, en la cual los usuarios comprendan y sean capaces de cuestionar decisiones tomadas por sistemas de inteligencia artificial.

Por otra parte, y más allá de la protección de esos valores, la aprobación de un marco jurídico europeo persigue un efecto pragmático: evitar la fragmentación del mercado único, de manera que las exigencias impuestas a los desarrollos de inteligencia artificial sean las mismas en toda la Unión Europea, permitiendo así la libre circulación de la tecnología.

A mayor abundamiento, y siguiendo la estela de lo que ya ha ocurrido con el RGPD, el *Libro Blanco* manifiesta su voluntad de que la regulación que pueda surgir basada en sus principios y consideraciones pueda impactar más allá de las fronteras de la Unión Europea.

Entrando un poco más al detalle de su contenido, el propio documento señala con claridad los principales riesgos que imponen la necesidad de una normativa equilibrada en materia de inteligencia artificial. Así, en su página 14 indica que «aunque la IA puede ofrecer muchas ventajas, por ejemplo, mejorando la seguridad de los productos y los procedimientos, también puede resultar nociva. Los daños pueden ser tanto materiales (para la seguridad y la salud de las personas, con consecuencias como la muerte, y menoscabos al patrimonio) como inmateriales (pérdida de privacidad, limitaciones del derecho de libertad de expresión, dignidad humana, discriminación en el acceso al empleo, etc.) y pueden estar vinculados a una gran variedad de riesgos. El marco regulador debe centrarse en cómo minimizar los distintos riesgos de sufrir daños, especialmente los más significativos».

En consecuencia, el *Libro Blanco* está perfilando dos tipos de riesgos que deben ser evitados o, al menos, minimizados, a saber:

(i) Riesgos sobre los derechos: los derechos que se encuentran expuestos a mayores riesgos son claramente la dignidad humana; la ausencia de discriminación por razón de sexo, raza u origen étnico, religión o credo, discapacidad, edad u orientación sexual; la protección de los datos personales y de la vida privada; el derecho a una tutela judicial efectiva y a un juicio justo; la libertad de expresión; la libertad de reunión; y la protección de los consumidores.

Dichos derechos se verían afectados, esencialmente, como consecuencia de las siguientes causas:

a) Infracción de la normativa de protección de datos personales al recopilar los bancos de datos mediante los que se entrenan y programan los algoritmos.
b) Deficiencias en los bancos de datos que se utilizan para programar los algoritmos, dando lugar a sesgos de alcance discriminatorio.
c) Deficiencias en el diseño de los sistemas, que obedecen a unas reglas lógicas distintas de las humanas y resultan en cierto sentido impredecibles, dando lugar a fallos de funcionamiento.
d) Imposibilidad de conocer esa lógica en ciertos casos, como los sistemas de inteligencia artificial basados en *deep learning*, redes neuronales y los llamados algoritmos de caja negra o *black box*. En estos casos se pone

en entredicho el derecho a conocer las razones por las que se adopta una decisión, siendo difícil (si no imposible) entenderla o rebatirla, y vulnerándose correlativamente la tutela judicial efectiva de las personas afectadas por ella.

(ii) Riesgos sobre la seguridad: en este caso, nos adentramos en un escenario de potenciales riesgos físicos derivados de las herramientas de inteligencia artificial. Resultan particularmente obvios en casos como la conducción autónoma, ya sea de tráfico rodado o aéreo; pero no cabe descartar este riesgo en toda suerte de productos manufacturados que pueden ocasionar daños a consumidores y usuarios.

Finalmente, la Comisión Europea identifica en el *Libro Blanco* los siete principios básicos necesarios para regular una inteligencia fiable y que son:

(i) Acción y supervisión humanas.
(ii) Solidez técnica y seguridad.
(iii) Gestión de la privacidad y de los datos.
(iv) Transparencia.
(v) Diversidad, no discriminación y equidad.
(vi) Bienestar social y medioambiental.
(vii) Rendición de cuentas.

En definitiva, el *Libro Blanco* se ha convertido en un paso estratégico de la Unión Europea para asegurar un desarrollo y adopción de inteligencia artificial que sea ético, seguro y beneficioso para los ciudadanos y la economía. Mediante la promoción de la excelencia, la construcción de un marco de confianza y la preparación para las transformaciones socioeconómicas, la Unión Europea buscaba posicionarse como un líder global en el campo de la inteligencia artificial, alineado con sus valores fundamentales y objetivos de desarrollo sostenible.

3. LA DECLARACIÓN EUROPEA SOBRE LOS DERECHOS Y PRINCIPIOS DIGITALES PARA LA DÉCADA DIGITAL

Como ya explicamos en el capítulo cuarto, el pasado 23 de enero de 2023, el Parlamento Europeo, el Consejo y la Comisión Europea proclamaron solemnemente la *Declaración sobre los Derechos y Principios Digitales para la Década Digital.*

Sin perjuicio de que toda la *Declaración* merece ser leída por resultar inspiradora y motivante, en este capítulo, sin embargo, queremos poner el foco sobre cuatro de sus artículos directamente relacionados con la aproximación antropocentrista y garantista de los derechos fundamentales de la Unión en relación con la transformación digital, en general, y el uso de tecnologías disruptivas como la inteligencia artificial, en particular. Así:

(i) El artículo 1 referente a «Una transformación digital centrada en las personas» y en cuya virtud:

«1. Las personas constituyen el núcleo de la transformación digital de la Unión Europea. La tecnología debe servir y beneficiar a todas las personas que viven en la Unión Europea y empoderarlas para que cumplan sus aspiraciones, en total seguridad y respetando plenamente sus derechos fundamentales.

Nos comprometemos a:

a) fortalecer el marco democrático para una transformación digital que beneficie a todas las personas y mejore las vidas de todas las personas que viven en la Unión Europea;

b) adoptar las medidas necesarias para que los valores de la Unión Europea y los derechos de los ciudadanos reconocidos por el Derecho de la Unión se respeten tanto en línea como fuera de línea;

c) fomentar y garantizar una acción responsable y diligente por parte de todos los agentes digitales, públicos y privados, en el entorno digital;

d) promover activamente esta visión de la transformación digital, también en nuestras relaciones internacionales».

(ii) El artículo 7 sobre «Servicios públicos digitales en línea», que se refiere expresamente a los servicios sanitarios y según el cual:

«7. Toda persona debe tener acceso en línea a los servicios públicos esenciales de la UE. No debe pedirse a nadie que facilite datos con más frecuencia de la necesaria al acceder a los servicios públicos digitales y utilizarlos.

Nos comprometemos a:

a) velar por que se ofrezca a las personas que viven en la UE la posibilidad de una identidad digital accesible, voluntaria, segura y fiable que proporcione acceso a una amplia gama de servicios en línea;
b) garantizar una accesibilidad y una reutilización a gran escala de la información del sector público;
c) facilitar y apoyar en toda la Unión un acceso fluido, seguro e interoperable a servicios públicos digitales diseñados para satisfacer eficazmente las necesidades de las personas, en particular servicios sanitarios y asistenciales digitales, especialmente el acceso a los historiales médicos electrónicos».

(iii) Los artículos 8 y 9 sobre las «Interacciones con algoritmos y sistemas de inteligencia artificial» por referirse también expresamente al ámbito de la salud. Así, disponen lo siguiente:

«8. La inteligencia artificial debe ser un instrumento al servicio de las personas y su fin último debe ser aumentar el bienestar humano.

9. Toda persona debería estar empoderada para beneficiarse de las ventajas de los sistemas algorítmicos y de inteligencia artificial, especialmen-

te a fin de tomar sus propias decisiones en el entorno digital con conocimiento de causa, así como estar protegida frente a los riesgos y daños a su salud, su seguridad y sus derechos fundamentales.

Nos comprometemos a:

a) promover sistemas de inteligencia artificial centrados en el ser humano, fiables y éticos a lo largo de todo su desarrollo, despliegue y uso, en consonancia con los valores de la Unión Europea;

b) velar por un nivel adecuado de transparencia en el uso de los algoritmos y la inteligencia artificial y por que las personas estén informadas y capacitadas para utilizarlos cuando interactúen con ellos;

c) velar por que los sistemas algorítmicos se basen en conjuntos de datos adecuados para evitar la discriminación y permitir la supervisión humana de todos los resultados que afecten a la seguridad y los derechos fundamentales de las personas;

d) garantizar que las tecnologías como la inteligencia artificial no se utilicen para anticiparse a las decisiones de las personas en ámbitos como, por ejemplo, la salud, la educación, el empleo y la vida privada;

e) proporcionar salvaguardias y adoptar las medidas adecuadas, en particular promoviendo normas fiables, para que la inteligencia artificial y los sistemas digitales sean seguros y se utilicen en todo momento con pleno respeto de los derechos fundamentales de las personas;

f) adoptar medidas para garantizar que la investigación en inteligencia artificial respete las normas éticas más estrictas y la legislación pertinente de la Unión Europea».

4. EL REGLAMENTO SOBRE INTELIGENCIA ARTIFICIAL

4.1. Planteamiento

Precisamente por el carácter estratégico que tiene la inteligencia artificial para la Unión Europea y con el objetivo de no convertir el *Libro Blanco* en papel mojado, la Comisión Europea presentó el 21 de abril de 2021, un borrador o propuesta para un «Reglamento del Parlamento Europeo y del Consejo por el que se establecen normas armonizadas en materia de inteligencia artificial (Ley de Inteligencia Artificial) y se modifican determinados actos legislativos de la Unión».

De la tramitación del mismo pueden destacarse como hitos más relevantes los siguientes:

- (i) La ya comentada publicación y aprobación el pasado 23 de enero de 2023, de la *Declaración sobre los Derechos y Principios Digitales para la Década Digital* en la que se incluyen contenidos expresos referentes a los algoritmos y la inteligencia artificial.
- (ii) El Parlamento Europeo dio luz verde el pasado 14 de junio de 2023, a la negociación y posterior aprobación del Reglamento sobre inteligencia artificial, incorporando medidas para mitigar riesgos relacionados con la inteligencia artificial generativa.
- (iii) El 8 de diciembre de 2023, bajo la presidencia española de la Unión Europea, se alcanzó el acuerdo definitivo entre el Consejo y el Parlamento sobre el Reglamento de Inteligencia Artificial.
- (iv) El 22 de enero de 2024, se filtraba el texto final del Reglamento.
- (v) La Decisión de la Comisión de 24 de enero de 2024, por la que se crea la Oficina Europea de Inteligencia Artificial y que fue publicada el pasado 14 de febrero de 2024.
- (vi) La publicación el 16 de abril de 2024, de la corrección de errores del texto final del Reglamento.

(vii) La aprobación definitiva el pasado 21 de mayo de 2024, por parte del Consejo de la Unión Europea del Reglamento sobre inteligencia artificial.

(viii) La publicación el 12 de julio de 2024 en el *DOUE* del Reglamento (UE) 2024/1689 del Parlamento Europeo y del Consejo de 13 de junio de 2024, por el que se establecen normas armonizadas en materia de inteligencia artificial y por el que se modifican los Reglamentos (CE) n.º 300/2008, (UE) n.º 167/2013, (UE) n.º 168/2013, (UE) 2018/858, (UE) 2018/1139 y (UE) 2019/2144 y las Directivas 2014/90/UE, (UE) 2016/797 y (UE) 2020/1828 (Reglamento de Inteligencia Artificial).

En cualquier caso, el Reglamento, basándose en los principios que ya recogía el *Libro Blanco*, persigue la excelencia y la confianza en materia de inteligencia artificial y contiene medidas que pueden prevenir los riesgos en el uso de la misma.

El primer aspecto a destacar del Reglamento es, sin duda, alguna su vocación pionera toda vez que se trata de la primera ley integral sobre la inteligencia artificial del mundo. Y es que, como parte de su estrategia digital, la Unión Europea quiere regular la inteligencia artificial para garantizar mejores condiciones de desarrollo y uso de esta tecnología innovadora, tecnología que, por otra parte, y como estamos viendo, puede aportar muchos beneficios, como lo son un transporte más seguro y limpio, una fabricación más eficiente, una energía más barata y sostenible y, como no podía ser de otra forma, una mejor asistencia sanitaria.

El segundo aspecto a destacar del Reglamento es precisamente que la normativa ha tomado forma de Reglamento y no de Directiva. Esto es relevante por dos motivos: en primer lugar, porque tendrá efecto directo tanto para los Estados miembros como para los ciudadanos desde su entrada en vigor sin necesidad de transposición interna por cada Estado lo que, sin duda, agiliza la aplicación del mismo; y, en segundo lugar, porque consigue un mayor grado de uniformidad en el régimen sustantivo y en su aplicación práctica, potenciando la seguridad jurídica de ciudadanos y empresas.

Por otra parte, el Parlamento puso de manifiesto en su día aquellas cuestiones que debían incluirse, en todo caso, en el Reglamento finalmente aprobado, a saber:

(i) En primer lugar, se debe establecer una definición uniforme y tecnológicamente neutra de la inteligencia artificial que pueda aplicarse a futuros sistemas y herramientas de inteligencia artificial.

Así, en su artículo 3.1, define «Sistema de inteligencia artificial (sistema de IA)» como «un sistema basado en una máquina que está diseñado para funcionar con distintos niveles de autonomía y que puede mostrar capacidad de adaptación tras el despliegue, y que, para objetivos explícitos o implícitos, infiere de la información de entrada que recibe la manera de generar resultados de salida, como predicciones, contenidos, recomendaciones o decisiones, que pueden influir en entornos físicos o virtuales».

A este respecto, creemos relevante resaltar dos cuestiones, a saber:

a) Finalmente, la definición por la que ha optado el Reglamento es acorde con la que había establecido en su momento la OCDE.
b) Tal y como señala el considerando 12 del propio Reglamento las técnicas que permiten la inferencia al construir un sistema de IA incluyen estrategias de aprendizaje automático que aprenden de los datos cómo alcanzar determinados objetivos y estrategias basadas en la lógica y el conocimiento que infieren a partir de conocimientos codificados o de una representación simbólica de la tarea que debe resolverse.

(ii) En segundo lugar, se debe garantizar que los sistemas de inteligencia artificial utilizados en la Unión Europea sean seguros, transparentes, trazables, no discriminatorios y respetuosos con el medio ambiente.

(iii) Y, en tercer lugar, y también en aras de potenciar la seguridad, los sistemas de inteligencia artificial deben ser supervisados por personas, en lugar de por la automatización, para evitar resultados perjudiciales.

4.2. ÁMBITO DE APLICACIÓN

Sin perjuicio de que el Reglamento incluirá un ámbito de aplicación extraterritorial que repercutirá en un mayor impacto global de la normativa europea, el acuerdo preliminar alcanzado excluye la aplicación del Reglamento de inteligencia artificial a sistemas utilizados exclusivamente con finalidades militares o de defensa, de investigación, innovación o cuando se empleen sin un propósito profesional.

Precisamente, con el objetivo de ofrecer una respuesta a las llamadas de la comunidad *open source* que abogaban por evitar barreras y desventajas para los contribuyentes de este ecosistema en favor de la investigación y la innovación, se prevé la existencia de una excepción limitada a algunos casos concretos para modelos gratuitos de inteligencia artificial basados en *open source*, que, en todo caso, deberán respetar algunas obligaciones de transparencia y asumir compromisos para garantizar el respeto de los derechos de propiedad intelectual[4].

De igual modo, habrá que ver cómo impacta la exclusión de su aplicación en materia de investigación e innovación en el ámbito sanitario, toda vez que es uno de los campos en los que más necesarias resultan las mismas, pero en las que a la vez resulta fundamental la protección de los derechos fundamentales de los pacientes.

[4] ZORRAQUINO, A.; MATAS, A. y VILANOVA JOU, R., «El Reglamento de IA, cada vez más cerca: acuerdo preliminar del Consejo y el Parlamento Europeo», *Periscopio Fiscal y Legal de PWC*, 12 de diciembre de 2023.

4.3. El riesgo como clave del enfoque

Por otra parte, el Reglamento propone que los sistemas de inteligencia artificial que puedan utilizarse en distintas aplicaciones se analicen y clasifiquen según el riesgo que supongan para los usuarios, a modo de semáforo, pudiendo distinguir entre:

(i) Sistemas de inteligencia artificial de riesgo mínimo, que no serán regulados (por ejemplo, aplicados a videojuegos o filtros de *spam*).

(ii) Sistemas de inteligencia artificial de riesgo limitado, que serán permitidos pero que deberán cumplir con ciertas obligaciones de transparencia para que los usuarios sean conscientes de que están interactuando con inteligencia artificial. Aquí encontramos los *chatbots*, herramientas que ya se están empezando a utilizar en el ámbito sanitario pudiendo señalarse, por ejemplo, a SanIA, el asistente virtual de Sanitas.

(iii) Sistemas de inteligencia artificial de alto riesgo: los sistemas o herramientas de inteligencia artificial que afecten negativamente a la seguridad o a los derechos fundamentales se considerarán de alto riesgo y se dividirán en dos categorías:

a) Los sistemas de inteligencia artificial que se utilicen en productos sujetos a la legislación de la Unión Europea sobre seguridad de los productos. Esto incluye juguetes, aviación, automóviles, ascensores y dispositivos médicos.

b) Los sistemas de inteligencia artificial pertenecientes a ocho ámbitos específicos que deberán registrarse en una base de datos de la Unión Europea, a saber:

- Identificación biométrica y categorización de personas físicas.
- Gestión y explotación de infraestructuras críticas.
- Educación y formación profesional.

- Empleo, gestión de trabajadores y acceso al autoempleo.
- Acceso y disfrute de servicios privados esenciales y servicios y prestaciones públicas.
- Aplicación de la ley.
- Gestión de la migración, el asilo y el control de fronteras.
- Asistencia en la interpretación jurídica y aplicación de la ley.

De este modo, los productos utilizados en la atención médica serán categorizados como productos de alto riesgo ya que son herramientas destinadas a categorizar personas físicas en función de su estado de salud. Los proveedores de sistemas de inteligencia artificial de alto riesgo deberán registrarse en una base de datos y sus productos están sujetos a una serie de requisitos, en particular en materia de gestión de riesgos, ensayo, solidez técnica, formación y gobernanza de datos, transparencia, supervisión humana y la seguridad cibernética.

En efecto, todos estos sistemas de alto riesgo serán evaluados antes de su comercialización y a lo largo de su ciclo de vida. En efecto, el Reglamento aprovecha el ya desarrollado marco regulatorio de control del mercado por parte de las autoridades, echando mano de conceptos ya conocidos como el marcado CE (evaluaciones de conformidad o control *ex ante*) combinándolo con la vigilancia del mercado y la conformidad de los productos (control *ex post*).

(iv) Sistemas de inteligencia artificial de riesgo inaceptable y que, en consecuencia, estarán prohibidos, por ejemplo, manipulación cognitiva del comportamiento de personas o grupos vulnerables específicos; casos de puntuación social o *social scoring*; el reconocimiento de emociones en el entorno laboral o en entornos educativos; o la identificación biométrica remota en tiempo real en espacios de acceso público, con excepciones limitadas para finalidades policiales[5].

De este modo, y aunque muchos sistemas de inteligencia artificial plantean un riesgo mínimo, el Reglamento considera necesario evaluarlos todos.

4.4. INTELIGENCIA ARTIFICIAL GENERATIVA: SISTEMAS DE INTELIGENCIA ARTIFICIAL DE PROPÓSITO GENERAL Y MODELOS FUNDACIONALES

Por otra parte, la aparición de ChatGPT ha evidenciado que el proyecto legislativo presentado en abril de 2021 aún se encontraba en un estado muy embrionario, obligando a la Comisión de Mercado Interior y Protección del Consumidor a elaborar un borrador (publicado el pasado 5 de mayo de 2023) con enmiendas a la propuesta aprobada el pasado 14 de junio de 2023, por el Parlamento Europeo.

Como bien se ha dicho por los medios especializados, la realidad es que los sistemas de inteligencia artificial que han penetrado recientemente en el mercado encontraban difícil encaje en la propuesta inicial[6]. Estamos hablando de programas como ChatGPT, Midjourney

[5] Precisamente el reconocimiento facial y la biometría han sido de los temas más polémicos recientemente en los avances por aprobar el Reglamento de la UE sobre inteligencia artificial.

Como hemos mencionado, el pasado 14 de junio de 2023, el Parlamento Europeo dio luz verde a la negociación y posterior aprobación del Reglamento, habiendo fijado finalmente su postura en el ámbito de la biometría: en principio, se prohíbe el reconocimiento facial.

En efecto, entre las enmiendas y cambios aprobados están las prohibiciones que afectan a esta tecnología. Una de las más determinantes es la prohibición de la categorización biométrica y la recolección y rastreo de imágenes de caras —por ejemplo, con cámaras de seguridad— para crear bases de datos para reconocimiento facial. De hecho, los sistemas de información biométrica, que se permitieron inicialmente en situaciones específicas como secuestros o ataques terroristas, han acabado siendo prohibidos en el Reglamento finalmente aprobado excepto en la persecución de delitos graves y solo con autorización judicial.

[6] Resulta muy revelador el artículo publicado por VILLATORO GONZÁLEZ, T. y CAMBLOR ECHANOVE, G., «La propuesta de Reglamento europeo sobre inteligencia artificial para mitigar los riesgos de ChatGPT», *Cinco Días*, 16 de junio de 2023. Puede consultarse en https://cincodias.elpais.com/cincodias/2023/06/16/legal/1686914513_281912.html

o DALL·E, que generan textos o imágenes de acuerdo con lo ordenado por el usuario; de ahí su nombre: «inteligencia artificial generativa».

Como es evidente, estas inteligencias artificiales no encuentran cabida en la categoría de sistemas de riesgo inaceptable, y difícilmente encontrarán hueco en la clasificación de «riesgo alto», aunque tampoco parece razonable dejarlas huérfanas de regulación.

La única manera de encajar a ChatGPT, o un sistema equivalente, en la propuesta es estando a lo señalado en su artículo 6. Por ejemplo, si se utilizase ChatGPT para «determinar el acceso o la asignación de personas físicas a los centros de educación y formación profesional» [parág. 3.*a*) del Anexo III de la Propuesta], deberá considerarse consecuentemente un sistema de «alto riesgo». Sería en ese caso, cuando el operador deba someter el sistema a controles previos de conformidad específicos y asegurarse de que cumple con la normativa aplicable, una vez ya está en funcionamiento.

Para evitar que ChatGPT quede postergado a una regulación tan limitada y condicionada a su uso en determinados productos, la enmienda de mayo y el Reglamento finalmente aprobado incluyen una nueva subcategoría: la del modelo fundacional. Aquí entrarían los sistemas de inteligencia artificial con un propósito o finalidad general.

De este modo, el Reglamento reconoce expresamente la posibilidad de que el modelo fundacional se encuentre integrado en un sistema de alto riesgo. En segundo lugar, establece una serie de obligaciones para los proveedores de los modelos fundacionales, principalmente de transparencia. De esta forma:

(i) Se deberá revelar que el contenido ha sido generado por inteligencia artificial.
(ii) Se deberá diseñar el modelo para evitar que genere contenidos ilegales.
(iii) Se deberá publicar resúmenes de los datos protegidos por derechos de autor utilizados para el entrenamiento.

Y es que, la llegada de la inteligencia artificial generativa es un imprevisto más al que el legislador europeo, con mayor o menor acierto, se ha tenido que adaptar con modificaciones como la comentada.

Así lo ha refrendado el acuerdo de 8 de diciembre de 2023 y el texto finalmente aprobado abordando la regulación específica de sistemas de inteligencia artificial de propósito general (*General Purpose AI* o GPAI), que puede emplearse para multitud de fines, así como de los modelos fundacionales (*foundation models*), capaces de realizar una amplia gama de tareas, como las que se han ejemplificado con el uso de herramientas de inteligencia artificial generativa capaces de generar texto, imágenes o vídeos, entre otros.

En estos casos, se deberá proporcionar documentación técnica, incluyendo un resumen del contenido (corpus de información y datos) utilizado para entrenar el sistema de inteligencia artificial, así como garantizar el cumplimiento de la normativa de propiedad intelectual.

En aquellos casos donde estos sistemas de inteligencia artificial reúnan los criterios necesarios para considerar que llevan aparejado un riesgo sistémico, se prevé la imposición de obligaciones más estrictas como la evaluación de los modelos, la emulación de adversarios (*adversarial testing*), la valoración y mitigación de los riesgos identificados, informar a la Comisión sobre incidentes graves, garantizar la ciberseguridad e informar sobre niveles de eficiencia energética.

Para garantizar el cumplimiento de estas nuevas obligaciones, se prevé la utilización de códigos de conducta elaborados con la colaboración de la industria, la comunidad científica, la sociedad civil y otras partes interesadas, junto con la Comisión.

4.5. Obligaciones de transparencia

Entre las obligaciones de transparencia aplicables, destacan las que pueden tener una afectación directa con el reconocimiento de *deepfakes* o contenido generado mediante herramientas de inteligencia artificial generativa.

Por ejemplo, se prevé la obligación de proporcionar información al usuario sobre el hecho de que un contenido ha sido generado por inteligencia artificial y, en esta línea, se establece la necesidad de diseñar estos sistemas de forma que puedan generar resultados cuyo origen —de carácter artificial— pueda ser identificado por sistemas que permitan reconocer la generación o la manipulación de contenidos sintéticos mediante inteligencia artificial.

En aquellos casos donde se empleen sistemas de reconocimiento de emociones —al margen de los supuestos prohibidos— se deberá informar al usuario de que están siendo expuestos a esta tipología de sistemas. Además, los ciudadanos tendrán derecho a presentar una reclamación sobre sistemas de inteligencia artificial y recibir información sobre las decisiones basadas en sistemas de inteligencia artificial de alto riesgo con impacto en sus derechos.

Asimismo, con el fin de controlar el uso de sistemas de alto riesgo llevado a cabo por entidades públicas, estas tendrán la obligación de mantener un registro, alimentando una base de datos de la UE.

4.6. Propiedad intelectual e inteligencia artificial generativa

En relación con los resultados u *outputs* ofrecidos por las herramientas de inteligencia artificial generativa, el Reglamento no ha entrado a clarificar si las creaciones realizadas con el uso de estas herramientas son susceptibles de atribución de derechos de propiedad intelectual, tal y como se está discutiendo en otras jurisdicciones como el Reino Unido, Estados Unidos o China.

Sin perjuicio de que algunos Estados miembros puedan plantear proposiciones de ley para modificar su marco normativo actual en materia de derechos de autor (por ejemplo, véase la propuesta francesa mediante la Proposition de loi n.° 1630 visant à encadrer l'intelligence artificielle par le droit d'auteur), todo parece indicar que serán los tribunales locales los primeros en tener que afrontar las controversias generadas por el uso de esta tecnología en los Estados miembros.

Este es un tema que, sin duda alguna, preocupa también a los autores y editores españoles tal y como se ha visto con la reciente publicación, el pasado 16 de octubre de 2023 del *Manifiesto de CEDRO sobre Inteligencia Artificial.* Así, para el Centro Español de

Derechos Reprográficos, resulta muy reveladora esta parte del mismo:

> «... aunque sabemos que desde el ámbito europeo se está trabajando en una Ley aplicable a dicha cuestión, los autores y editores solicitamos a los partidos políticos una regulación que garantice la propiedad intelectual sobre nuestras creaciones, la neutralidad de la IAG y que se certifique su buen uso para evitar cualquier forma de sesgo, discriminación o vulneración de los derechos fundamentales en su desarrollo, aplicación y resultados.
>
> Esta nueva normativa contribuiría a la sostenibilidad de los contenidos editoriales, siempre y cuando incorpore, entre otros:
>
> - Un marco ético y normativo, que fortalezca los contenidos editoriales y garantice a los ciudadanos un acceso a la cultura, a la información y a la educación respetuoso con los derechos de propiedad intelectual.
> - Un marco tecnológico transparente y seguro para los autores, los editores, el resto de los creadores y para el conjunto de la sociedad en materia de protección de datos, privacidad, medioambiente, salud mental y competencias digitales.
> - Un marco lingüístico integral, que promueva la creación cultural mediante el uso de todas las lenguas oficiales del Estado.
>
> De asentarse estos marcos de convivencia, los autores y editores considerarían viable que la IAG fuera un aliado ético en los procesos de generación y difusión de contenidos. De esta forma, se respetaría la naturaleza de la originalidad humana en cualquier proceso de creación, basada en la experiencia vital de sus autores y en sus valores personales y éticos, frente a una producción basada única y exclusivamente en referencias. Solo así garantizaremos la protección de la propiedad intelectual de autores y editores y, en último término, de nuestra cultura»[7].

[7] Puede consultarse en https://www.cedro.org/manifiesto-ia.

4.7. Asignación de responsabilidades

El Reglamento tiene presente que la complejidad generada por las cadenas de valor relacionadas con los sistemas de inteligencia artificial podría conllevar dificultades para una correcta asignación de responsabilidades.

Por este motivo, se aclara la responsabilidad de los diversos actores involucrados en esas cadenas de valor en función de sus roles, poniendo el foco en los proveedores y los usuarios de sistemas de inteligencia artificial o responsables del despliegue, a la vez que se establece cómo interacciona la responsabilidad generada por esta normativa con otras legislaciones que ya están en vigor, como el RGPD u otras normas sectoriales.

En esta línea, deberá analizarse la relación que tendrá, también, con la propuesta de Directiva sobre responsabilidad civil extracontractual en materia de inteligencia artificial y que abordamos más adelante.

4.8. Gobernanza en materia de inteligencia artificial

Se ha acordado la creación de una nueva Oficina Europea de Inteligencia Artificial dentro de la Comisión Europea que se encargará de la coordinación, a nivel europeo, de la supervisión de la aplicación y el cumplimiento de las normas en materia de inteligencia artificial, junto con la aparición, a nivel local, de autoridades nacionales competentes para la vigilancia del mercado nacional, como la Agencia Española de Supervisión de Inteligencia Artificial.

En este sentido, y como señalábamos más arriba, acaba de crearse esta Oficina con la publicación el pasado 14 de febrero de 2024, de la Decisión de la Comisión de 24 de enero de 2024.

De forma particular, se prevé que la Oficina Europea de inteligencia artificial supervise las obligaciones impuestas a los sistemas de inteligencia artificial de propósito general, cuyas capacidades serán evaluadas de forma recurrente por la Oficina Europea con el soporte de un panel de expertos independientes para valorar, entre otros aspectos, el riesgo sistémico que comportan y monitorizar posibles riesgos de seguridad.

Complementariamente, se prevé la aparición de una Junta de Inteligencia Artificial compuesta por representantes de los Estados miembros que seguirá velando por la coordinación de la implementación del Reglamento y actuará como órgano asesor de la Comisión, desempeñando un papel relevante en el diseño de códigos de conducta.

Esta Junta de Inteligencia Artificial contará con el soporte de un foro consultivo formado por otras partes interesadas, tales como representantes de la industria, pymes, empresas emergentes, sociedad civil y academia, para dotarla de los conocimientos técnicos necesarios para cumplir con sus objetivos.

4.9. Excepciones para las fuerzas del orden

Uno de los puntos más controvertidos del Reglamento era determinar de qué forma las autoridades y fuerzas del orden podían utilizar sistemas de inteligencia artificial con fines policiales.

En esta línea, se ha llegado a un acuerdo para introducir un procedimiento de emergencia que permita emplear sistemas de inteligencia artificial de alto riesgo sin haber pasado el procedimiento de evaluación de conformidad, y se permite el uso con excepciones de sistemas de identificación biométrica remota en tiempo real en espacios de acceso público —considerada prohibida de forma general— cuando su uso sea estrictamente necesario para fines policiales en determinados casos.

4.10. Régimen sancionador

El incumplimiento del Reglamento puede dar lugar a sanciones económicas que han sido revisadas en el marco del acuerdo alcanzado entre Consejo y Parlamento Europeo, sin perjuicio de que se prevé la existencia de límites proporcionados para las multas administrativas impuestas a pymes o empresas de nueva creación:

(i) 35 millones de euros (o el 7 % del volumen de facturación anual global de la empresa en el año financiero anterior, lo que sea mayor) por violaciones relacionadas con inteligencia artificial categorizada como prohibida.

(ii) 15 millones de euros (o el 3 % del volumen de facturación anual global de la empresa en el año financiero anterior, lo que sea mayor) por otras violaciones de las obligaciones del Reglamento.

(iii) 7,5 millones de euros (o el 1,5 % del volumen de facturación anual global de la empresa en el año financiero anterior, lo que sea mayor), por el suministro de información incorrecta.

4.11. Siguientes pasos, entrada en vigor y aplicación

Tras el acuerdo preliminar alcanzado entre Consejo y Parlamento Europeo el 8 de diciembre de 2023, el trabajo para definir una versión consolidada del texto legislativo se retomó con sesiones técnicas con la finalidad de acabar de pulir los detalles finales del Reglamento, siendo necesaria su aprobación por el Comité de Representantes Permanentes de la UE (COREPER) y confirmación por parte de las instituciones europeas.

Técnicamente, su elaboración se produce por los equipos técnicos de la Comisión, el Consejo y del Parlamento Europeo que utilizan un documento de texto a cuatro columnas, que subdivide el texto legal en sus partes estructurales (considerandos, artículos, párrafos y subpárrafos). Así, una columna es para la propuesta de la Comisión, otra para las enmiendas del Consejo, otra para las del Parlamento Europeo y otra para el texto del compromiso finalmente alcanzado.

El texto a cuatro columnas, incluyendo la versión final del texto del Reglamento se filtró el pasado 22 de enero de 2024. Finalmente, la versión final del Reglamento vio la luz en el *Diario Oficial de la Unión Europea* el 12 de julio. De este modo, el Reglamento entrará en vigor a los 20 días de su publicación oficial, y será aplicable con carácter general al cabo de 24 meses.

Sin embargo, se establecen plazos distintos para determinados artículos, que oscilan entre:

(i) Los 6 meses para las prácticas prohibidas.

(ii) Los 12 meses para ciertas normas de gobernanza. En particular:

a) La sección cuarta del capítulo tercero, es decir, autoridades notificantes y organismos notificados.
b) El capítulo quinto, modelos de IA de uso general.
c) El capítulo séptimo, gobernanza.
d) El capítulo decimosegundo, sanciones.
e) Y el artículo 78, confidencialidad

(iii) Los 36 meses para las reglas sobre sistemas de riesgo alto vinculados a la legislación armonizada sobre seguridad de productos (artículo 6.1 del Reglamento).

En cualquier caso, las entidades que estén desarrollando, distribuyendo o empleando sistemas de inteligencia artificial con finalidades profesionales deben empezar a poner en marcha mecanismos de autoevaluación para identificar y aplicar controles destinados a asegurar el cumplimiento del nuevo Reglamento.

5. LA PROPUESTA DE DIRECTIVA PARA ADAPTAR LAS NORMAS DE RESPONSABILIDAD EXTRACONTRACTUAL EN LA INTELIGENCIA ARTIFICIAL

5.1. Contexto: la toma de decisiones automatizada

La tendencia a la automatización del proceso de toma de decisiones basadas exclusivamente en propuestas algorítmicas de sistemas de inteligencia artificial implica cierto riesgo, ya que puede anular la iniciativa y la independencia en la toma de decisiones del profesional, y favorecer, además, caer en la rutina.

Por otro lado, es necesario revalidar la fiabilidad de la conclusión del sistema de inteligencia artificial, no solo ya por su finura tecnológica, sino también por los sesgos en los que puede incurrir su propuesta decisional, debido a las posibles incorrecciones o inexactitudes de los datos de base incorporados al sistema para su tratamiento correspondiente.

En consecuencia, la toma de decisiones totalmente automatizadas no debemos considerarla como legítima, teniendo que mediar una intervención humana y en concreto una decisión de los profesionales.

Pensemos en el ámbito médico[8]. Es cierto que los profesionales sanitarios se basan en protocolos médicos a la hora de decidir cómo proceder con un paciente con una enfermedad determinada, pero siempre emitiendo un juicio acorde con cada situación concreta. En este contexto, las herramientas de inteligencia artificial deben ser un eslabón de esos protocolos, nunca sustituyendo al médico, dando cabida a la atención asistencial personalizada o individualizada que propugna la medicina personalizada de precisión.

Las herramientas de inteligencia artificial permiten que los datos sean tratados con algoritmos de comparación y de correlación estadística, con el objetivo de crear perfiles que puedan utilizarse, por ejemplo, para una mejor clasificación de los pacientes. Sin embargo, a pesar de que este tipo de estrategias puede resultar tremendamente útil en el campo de la medicina, cuando un proceso de toma de decisiones está basado, exclusivamente, en procesos de automatización o en perfiles de pacientes puede verse afectada la autonomía del paciente o el derecho a una explicación. Para garantizar que se preservan los derechos fundamentales de los individuos ante estas prácticas, es necesario validar continuamente los perfiles generados con estas herramientas y los algoritmos subyacentes.

En cualquier caso, los sistemas de inteligencia artificial deben constituir para el médico elementos de ayuda y de simplificación de tareas, evitando que el profesional dedique su tiempo, por ejemplo, al desarrollo de tareas repetitivas, dejándole tiempo a aquellas actividades en las que el profesional aporta valor. Estas herramientas son muy poderosas en tareas de clasificación y predicción, pero son tan complejas que resulta muy complicado extraer el conocimiento del modelo, y siempre cabe la posibilidad de error. Aquí es

---

[8] A este respecto, recomendamos encarecidamente la lectura de Romeo, C., *op. cit.*; y Asociación Española para la Digitalización, *op. cit.*

donde el médico tiene que usar información adicional para tomar la decisión que considere conveniente, puesto que será el que siempre tendrá la última palabra. Es decir, las herramientas de inteligencia artificial deben ir dirigidas al desarrollo de protocolos de trabajo o procedimientos en los que la colaboración entre la herramienta y el clínico suponga un salto de calidad significativo en la labor asistencial.

De este modo, será tarea del clínico asegurar que las decisiones sobre la atención clínica al paciente nunca estén basadas exclusivamente en perfiles o en las propuestas decisionales del sistema de inteligencia artificial o que sean automáticas, especialmente si se refieren a la adopción o no de un determinado tratamiento sin ofrecer a cambio una alternativa, incluso aunque sea menos eficiente. Esto es así porque no se dejaría al paciente la posibilidad de decidir sobre el tratamiento, podría incurrirse en prácticas arbitrarias, sin tener en cuenta otros elementos relevantes personales de toma de decisiones, o incluso, podría llevar a prácticas discriminatorias, y que una persona sea excluida de un tratamiento o le sea prescrito otro con base en consideraciones no estrictamente orientadas a su salud.

O pensemos en el ámbito del *marketing*: ¿Qué responsabilidades hay si en un *ecommerce* se han generado contenidos con inteligencia artificial y estos contienen errores que perjudican al comprador? O incluso, más, ¿quién responde por el mal funcionamiento de un *chatbot* configurado para atender a un cliente o, lo que es peor, a un paciente? ¿El desarrollador, el proveedor del sistema, el adquirente del sistema, la propia inteligencia artificial?

Y es que los modelos conversacionales de inteligencia artificial pueden ocasionar daños si aconsejan no vacunarse o incitan a la violencia. Habrá casos en los que se deba indemnizar a las víctimas y habrá que identificar a un responsable, pero de momento no hay una normativa jurídica clara al respecto.

La Comisión Europea trabaja con varios escenarios, como que la responsabilidad sea del desarrollador de la inteligencia artificial o del que la usa, y esto puede depender del nivel del riesgo y de la autonomía del sistema.

5.2. Futuro marco normativo

Es en el anterior contexto en el que debemos encuadrar la propuesta de Directiva para adaptar las normas de responsabilidad extracontractual en la inteligencia artificial presentada el 28 de septiembre de 2022, y que tiene por objeto establecer nuevas reglas sobre la revelación de información y la reducción de la carga de la prueba en los procedimientos de reclamación de daños y perjuicios causados por los sistemas de inteligencia artificial.

La futura Directiva sobre responsabilidad en materia de inteligencia artificial establece, por primera vez, normas específicas sobre los daños causados por cualquier tipo de sistema de inteligencia artificial (tanto si es de alto riesgo como si no)[9].

Y es que los productos y servicios basados en la inteligencia artificial plantean retos que las normas nacionales vigentes en materia de responsabilidad civil no cubren, por lo que se hace necesario crear una regulación específica para estos casos.

En las demandas por responsabilidad subjetiva, la víctima debe identificar a quién demandar y explicar detalladamente la culpa, el daño y la relación de causalidad entre ambos. Teniendo en cuenta la complejidad, opacidad y autonomía de los sistemas de inteligencia artificial, la víctima no puede asumir esta carga de prueba, lo cual le impediría ejercer su derecho a un acceso efectivo a la justicia. En este sentido, la Directiva pretende que cualquier víctima (particular o empresa) pueda tener una oportunidad justa de indemnización en caso de perjuicio por la culpa u omisión de un proveedor, desarrollador o usuario de inteligencia artificial. Para ello, introduce dos salvaguardias principales:

(i) Presunción de causalidad: en caso de que la víctima demuestre que alguien ha incumplido con una obligación pertinente en relación con el daño y que es razonablemente probable que exista un nexo causal con el rendimiento de la inteligencia artificial, el órgano jurisdiccio-

[9] Véase Negro, A. y Pérez Marcilla, M., «La Comisión propone nuevas normas de responsabilidad en materia de inteligencia artificial», *Cuatrecasas*, 10 de octubre de 2022. Puede consultarse en https://www.cuatrecasas.com/es/spain/propiedad-intelectual/art/eu-la-comision-propone-nuevas-normas-de-responsabilidad-en-materia-de-inteligencia-artificial.

nal podrá presumir *iuris tantum* que ese incumplimiento ha provocado el daño.

Esta presunción solo aplica a:

a) Sistemas de alto riesgo cuando el tribunal considere que es excesivamente difícil para el demandante probar el nexo causal.
b) Sistemas que no sean de alto riesgo (por ejemplo, *chatbots*), cuando no hay pruebas suficientes razonablemente accesibles para el demandante.
c) En caso de que el demandado utilice el sistema de inteligencia artificial para actividades no profesionales, cuando este haya interferido en su funcionamiento o cuando se niegue a explicar el funcionamiento del sistema.

(ii) Acceso a las pruebas presentadas por empresas o proveedores en los casos de inteligencia artificial de alto riesgo: en los casos de inteligencia artificial de alto riesgo, las víctimas podrán solicitar al órgano jurisdiccional que ordene la divulgación de información sobre estos sistemas de inteligencia artificial. Así, las víctimas podrán identificar a la persona responsable y averiguar en qué ha fallado. Por otra parte, la divulgación se someterá a las salvaguardias adecuadas para proteger la información sensible, por ejemplo, los secretos comerciales.

Por tanto, los crecientes procesos de automatización no pueden ser completamente independientes del ser humano, toda vez que requieren vigilancia constante.

En definitiva, resulta claro que el Reglamento sobre inteligencia artificial y la propuesta de Directiva se aplican en momentos temporales distintos y se complementan y refuerzan mutuamente. En efecto, mientras que el Reglamento busca prevenir daños y perjuicios estableciendo para ello unos requisitos de seguridad muy elevados que deben cumplir las herramientas y sistemas de inteligencia artificial; la propuesta de Directiva tiene por objeto garantizar que en el supuesto de que los riesgos se materialicen en daños y perjuicios efectivos, se pueda indemnizar de una manera efectiva, equitativa y realista al perjudicado.

5.3. ¿Hacia una futura responsabilidad de la propia inteligencia artificial?

Como reflexión, y dado el impacto que la inteligencia artificial va a tener en las próximas fechas, creemos relevante resaltar que una de las cuestiones que ya se está debatiendo en el mundo jurídico es la de si en algún momento, y al igual que ocurrió en su día con las sociedades mercantiles y otras personas jurídicas, se les reconocerá personalidad jurídica a las inteligencias artificiales.

Ello no es cuestión baladí, ya que el reconocimiento de personalidad jurídica conllevaría consecuentemente el reconocimiento de responsabilidad de la propia inteligencia artificial, responsabilidad que, como ha ocurrido también en el ámbito de las personas jurídicas, podría llegar a convertirse en un futuro no muy lejano en responsabilidad penal.

Se trata de un apunte inicial que confiamos poder desarrollar en detalle en futuros artículos y obras especializadas.

6. CIBERSEGURIDAD E INTELIGENCIA ARTIFICIAL

6.1. Comprendiendo la ciberseguridad

No podemos concluir este capítulo sin hacer una referencia a la ciberseguridad y cómo puede impactar la inteligencia artificial sobre ella[10].

De modo simplificado, la ciberseguridad es un componente de la seguridad de la información aplicada a los ordenadores, portátiles, tabletas, teléfonos inteligentes o *smartphones*, robots, Internet y todos sus servicios asociados, como páginas web, correo electrónico, aplicaciones en la nube y metaversos, entre otros.

---

[10] A este respecto, recomendamos el capítulo sobre «Ciberseguridad» de la obra Del Barrio Andrés, M., *Manual de Derecho* digital, Tirant lo Blanch, Valencia, 2.ª ed., 2022, pp. 311 y ss.

En definitiva, la ciberseguridad es el conjunto de técnicas y procesos dirigidos a garantizar la preservación de la confidencialidad, integridad y disponibilidad de la información en el ciberespacio.

6.2. La importancia de la ciberseguridad en el ámbito sanitario

La ciberseguridad ha tomado un papel cada vez más crítico en prácticamente todos los sectores de la sociedad moderna. No obstante, es especialmente relevante en el ámbito sanitario, donde el bienestar, e incluso la vida de las personas pueden estar en juego.

El incremento en los ataques de ciberdelincuentes a este sector ha añadido una capa adicional de complejidad y urgencia al desafío de mantener seguros los sistemas de salud. Así las cosas, a continuación, exploraremos la importancia de la ciberseguridad en el ámbito sanitario y cómo se están manifestando los riesgos en forma de ataques cibernéticos.

A. *Datos sensibles y críticos*

Los sistemas de salud manejan una gran cantidad de información personal y sensible. Desde historiales médicos y resultados de pruebas hasta direcciones y datos bancarios, los hospitales y clínicas son verdaderos almacenes de datos críticos. El robo o manipulación de esta información no solo representa un riesgo a la privacidad del paciente, sino que también puede tener implicaciones en la calidad del cuidado médico proporcionado.

B. *Ataques crecientes*

El sector sanitario se ha convertido en un blanco cada vez más atractivo para los ciberdelincuentes. Según informes recientes, los ataques cibernéticos a instituciones médicas han aumentado considerablemente en los últimos años.

Los métodos son variados, pudiendo destacarse los siguientes:

(i) *Ransomware:* los ataques de *ransomware* son especialmente preocupantes, ya que los ciberdelincuentes bloquean el acceso a sistemas críticos y piden un rescate (generalmente, con el pago de criptomonedas como el Bitcoin) para liberarlos. Así, un ataque exitoso puede paralizar toda la operación de un hospital, lo que resulta en un riesgo inmediato para la vida de los pacientes.

El *ransomware* se convirtió en noticia en 2017 cuando WannaCry, uno de los mayores ciberataques a escala internacional hasta la fecha, afectó a importantes organizaciones de todo el mundo. Además de la empresa española Telefónica, otra de las víctimas más destacadas fue el Servicio Público de Salud del Reino Unido.

De este modo, este importante ataque de *ransomware* dejó a los hospitales inoperativos, ya que dejaron de funcionar los sistemas esenciales. Hubo que cancelar miles de intervenciones quirúrgicas y el personal no pudo acceder a los historiales de los pacientes, ni siquiera utilizar los sistemas telefónicos.

El Servicio Público de Salud del Reino Unido estima que alrededor de un tercio de sus 236 centros se vieron afectados, lo que causó problemas de privacidad y salud al personal y a los pacientes, que se convirtieron en víctimas de la filtración de datos.

Aunque WannaCry no tenía como objetivo directo el Servicio Público de Salud del Reino Unido, su escasa seguridad y sus sistemas obsoletos facilitaron el ataque. Los hospitales del Reino Unido tenían muchos ordenadores con versiones sin parchear de Windows 7, por lo que grandes sectores de la red eran vulnerables en el momento en que este virus *ransomware* se extendía rápidamente por todo el mundo.

Además de infectar las redes locales de confianza, el *malware* WannaCry fue capaz de propagarse por la red N3, que conecta todos los centros del Servicio Público de Salud del Reino Unido. Sin embargo, el ataque no pudo propagarse a través del sistema de correo electrónico del

Servicio Público de Salud del Reino Unido, lo que impidió que se obtuvieran más datos para pedir el rescate o que se utilizaran para el *phishing*.

El *ransomware* que sufrió el Servicio Público de Salud del Reino Unido no es el único incidente de gran repercusión que ha afectado a establecimientos médicos.

En efecto, en julio de 2019, el Centro Médico de Springhill, en Alabama, sufrió un ataque de *ransomware* que provocó una caída de la red que desactivó los sistemas de monitorización de la sala de partos. Como consecuencia de ello, una de las madres, Teiranni Kidd, interpuso una denuncia, ya que su hijo nació con daños cerebrales y falleció posteriormente a causa del ataque, lo que cambió la forma de vigilar su salud. Se trata de la primera muerte presuntamente provocada por el *ransomware*.

Otro ataque de *ransomware* gravemente perjudicial ocurrido durante los últimos años fue el que sufrió United Health Services en septiembre de 2020. El *ransomware* Ryuk bloqueó su red informática durante días, lo que provocó la cancelación de citas, el traslado de pacientes a otros centros y la utilización de expedientes en papel. La recuperación tardó casi un mes, y se calcula que el coste se elevó hasta los 67 millones de dólares[11].

También tenemos ejemplos en España. En efecto, muy recientemente se produjo un ataque de *ransomware* en el Hospital Clínic de Barcelona. Efectivamente, el 5 de marzo de 2023, dicho hospital notificaba a la Agencia de Ciberseguridad de Cataluña que habían sufrido un ciberataque de *ransomware* por un grupo llamado Ransom House. Eso provocó que los servicios de laboratorio, farmacia y urgencias se coordinaran con otros hospitales de la ciudad para la atención de urgencias, transportes sanitarios y códigos urgentes como,

[11] Avast, *Ransomware en un hospital del Servicio Público de Salud del Reino Unido*. Puede consultarse en https://www.avast.com/es-us/business/resources/what-is-hospital-ransomware#mac.

por ejemplo, infartos o ictus. Así, si bien varios servicios se mantuvieron activos, se tuvieron que desprogramar cirugías selectivas, extracciones y consultas externas[12].

(ii) *Phishing*: es la denominación que recibe la estafa cometida a través de medios telemáticos mediante la cual el estafador intenta conseguir, de usuarios legítimos, información confidencial (contraseñas, datos bancarios, etc.) de forma fraudulenta.

El estafador o *phisher* suplanta la personalidad de una persona o empresa de confianza para que el receptor de una comunicación electrónica aparentemente oficial (vía *e-mail*, fax, SMS o telefónicamente) crea en su veracidad y facilite, de este modo, los datos privados que resultan de interés para el estafador.

Existen diferentes modalidades de *phishing*. Cuando este se realiza vía SMS el nombre técnico es *smishing* y cuando se realiza utilizando Voz sobre IP, se denomina *vishing*. Otra variedad es el *spear phishing*, en la que los atacantes intentan mediante un correo electrónico, que aparenta ser de un amigo o de empresa conocida, conseguir que les facilitemos: información financiera, números de tarjeta de crédito, cuentas bancarias o contraseñas[13].

Así las cosas, según la Agencia de Ciberseguridad de Cataluña el *phishing* en el ámbito sanitario se disparó un 198 % en el año 2020. Así, según dicha agencia los profesionales sanitarios abren el 27 % de los correos de *phishing*, el 16,28 % clican dichos correos y el 7,36 % incluso llega a intercambiar información[14].

---

[12] Pastor, J., «El Hospital Clínic de Barcelona está contra las cuerdas por un ataque de *ransomware*: de momento, ni negociación ni rescate», *Xataka*, 6 de marzo de 2023. Puede consultarse en https://www.xataka.com/seguridad/hospital-clinic-barcelona-esta-cuerdas-ataque-ransomware-negociacion-rescate-nada

[13] INCIBE, *Glosario de términos de ciberseguridad. Una guía de aproximación para el empresario*, 2021, pp. 28-29. Puede consultarse en https://www.incibe.es/sites/default/files/contenidos/guias/doc/guia_glosario_ciberseguridad_2021.pdf

[14] Orovio, I. y Saura, G., «El "phishing" sanitario se dispara un 198 %», *La Vanguardia*, 6 de julio de 2021. Puede consultarse en https://www.lavanguardia.com/vida/20210706/7580236/phishing-sanitario-dispara-198.html

(iii) Ataques de denegación de servicio: se entiende como denegación de servicio, en términos de seguridad informática, a un conjunto de técnicas que tienen por objetivo dejar un servidor inoperativo. Mediante este tipo de ataques se busca sobrecargar un servidor y de esta forma impedir que los usuarios legítimos puedan utilizar los servicios prestados por él.

El ataque consiste en saturar con peticiones de servicio al servidor, hasta que este no puede atenderlas, provocando su colapso.

Un método más sofisticado es el ataque de Denegación de Servicio Distribuido (DDoS), mediante el cual las peticiones son enviadas, de forma coordinada entre varios equipos, que pueden estar siendo utilizados para este fin sin el conocimiento de sus legítimos dueños (por ejemplo, a través de una *botnet*).

Esto puede ser así mediante el uso de programas *malware* que permitan la toma de control del equipo de forma remota, como puede ser en los casos de ciertos tipos de gusano o bien porque el atacante se ha encargado de entrar directamente en el equipo de la víctima[15].

Así las cosas, son varios los hospitales europeos que han sufrido recientemente ataques de este tipo por *hackers* prorrusos como represalia por ayudar a Ucrania. En efecto, el 1 de febrero de 2023, el Centro Nacional de Ciberseguridad de Países Bajos indicó que las páginas web de varios hospitales de Países Bajos y de otros países europeos como Reino Unido, Alemania o Polonia podrían haber sido objeto de un ciberataque de un grupo pro-Kremlin por el apoyo a Ucrania[16].

La principal lección que se puede extraer de estos ataques de gran repercusión es dar prioridad a las prácticas recomendadas de ciberse-

[15] INCIBE, *op. cit.* p. 20.

[16] AFP, «Hospitales europeos sufren ciberataque de *hackers* prorrusos por ayudar a Ucrania», *El Economista*, México, 1 de febrero de 2023. Puede consultarse en https://www.lavanguardia.com/vida/20210706/7580236/phishing-sanitario-dispara-198.html.

guridad y aplicar la administración de parches manteniendo el *software* actualizado. Aunque esto puede resultar difícil en un entorno exigente, es esencial para evitar vulnerabilidades que los *hackers* puedan aprovechar para acceder a la red y al servidor de la organización en cuestión.

Además, deben seguirse las prácticas recomendadas en materia de ciberseguridad como, por ejemplo:

- (i) Monitorización constante en tiempo real ya que facilita la detección de actividad inusual y posiblemente ayude a prevenir un ataque antes de que cause un daño significativo.
- (ii) Creación de un plan de recuperación de desastres informáticos.
- (iii) Implementación de herramientas de protección contra el *ransomware*.
- (iv) Formación del personal para evitar ataques de *phishing* e ingeniería social.
- (v) Creación de copias de seguridad de los datos para poder recuperar los documentos importantes.

Si se combinan estos elementos, se puede reducir el riesgo de sufrir un ataque, lo que contribuye a minimizar los períodos de inactividad y recuperación.

En definitiva, la ciberseguridad en el ámbito sanitario no es un lujo o una opción; es una necesidad absoluta. El incremento en los ataques de *hackers* a este sector pone de manifiesto la urgencia de tomar medidas efectivas para proteger tanto la información como la integridad de los sistemas de salud. A medida que la tecnología sigue avanzando, también lo hacen las tácticas de los ciberdelincuentes. Es imperativo que las instituciones sanitarias se mantengan un paso adelante, no solo para proteger los datos sensibles que manejan, sino, más críticamente, para asegurar el bienestar y las vidas de los pacientes que dependen de estos sistemas.

Obviamente, para ello también es preciso un marco normativo robusto.

6.3. Marco normativo

En la Unión Europea, la norma cabecera en la materia hasta hace muy poco era la Directiva (UE) n.º 2016/1148 del Parlamento Europeo y del Consejo, de 6 de julio de 2016, relativa a las medidas destinadas a garantizar un elevado nivel común de seguridad de las redes y sistemas de información en la Unión (habitualmente referida como Directiva NIS/SRI o Directiva sobre Ciberseguridad).

En síntesis, sus propósitos estructurales eran lograr una armonización regional mínima en el ámbito de la Unión Europea y hacer que el entorno en línea fuera más fiable y seguro, lo que en última instancia respaldaba la consolidación del Mercado Único Digital.

La Directiva NIS se completaba con el Reglamento de Ejecución (UE) n.º 2018/151 de la Comisión, de 30 de enero de 2018, por el que se establecen normas para la aplicación de la Directiva NIS en lo que respecta a la especificación de los elementos que han de tener en cuenta los proveedores de servicios digitales para gestionar los riesgos existentes para la seguridad de las redes y sistemas de información, así como de los parámetros para determinar si un incidente tiene un impacto significativo.

A ello se le debe añadir la aprobación del Reglamento (UE) n.º 2019/881 del Parlamento Europeo y del Consejo, de 17 de abril de 2019, relativo a ENISA (Agencia de la Unión Europea para la Ciberseguridad) y a la certificación de la ciberseguridad de las tecnologías de la información y la comunicación y por el que se deroga el Reglamento (UE) n.º 526/2013.

Ahora bien, con fecha 16 de diciembre de 2020, la Comisión Europea presentó una Propuesta de nueva Directiva, conocida como Directiva NIS 2/SRI 2 con la intención de reforzar la respuesta a los ciberataques y ciberamenazas, norma que finalmente cristalizó como la Directiva (UE) 2022/2555 del Parlamento Europeo y del Consejo, de 14 de diciembre de 2022, relativa a las medidas destinadas a garantizar un elevado nivel común de ciberseguridad en toda la Unión, por la que se modifican el Reglamento (UE) n.º 910/2014 y la Directiva (UE) 2018/1972 y por la que se deroga la Directiva (UE) 2016/1148 (Directiva SRI 2).

Así, con la aprobación de esta Directiva se pretende eliminar las diferencias entre los Estados miembros en la aplicación de la Directiva NIS sobre la seguridad de las redes y sistemas de información, obligando a los mismos a adoptar estrategias nacionales de ciberseguridad y a designar o establecer autoridades competentes, de gestión de crisis de ciberseguridad, puntos de contacto únicos sobre ciberseguridad y equipos de respuesta a ciberincidentes.

Finalmente, no se debe olvidar que, con el mismo objetivo de reforzar la ciberseguridad en el seno de la Unión Europea, el 15 de septiembre de 2022, se publicó la propuesta de Reglamento del Parlamento Europeo y del Consejo relativo a los requisitos horizontales de ciberseguridad para los productos con elementos digitales y por el que se modifica el Reglamento (UE) n.º 2019/1020[17].

Y es que tal y como refleja la propia propuesta, los productos consistentes en equipos informáticos (*hardware*) y en programas informáticos (*software*) están sometidos a un número cada vez mayor de ciberataques exitosos. Estos productos se enfrentan a dos problemas principales que acarrean costes adicionales para los usuarios y la sociedad: en primer lugar, un bajo nivel de ciberseguridad, que se refleja en vulnerabilidades generalizadas y en la oferta insuficiente e incoherente de actualizaciones de seguridad para hacerles frente; y, en segundo lugar, la insuficiencia de la comprensión de la información y del acceso a ella por parte de los usuarios, lo que les impide

[17] Por su parte, el régimen jurídico de España a este respecto se encuentra caracterizado por una fuerte dispersión de normas. En ese marco hay que incluir desde el Código Penal y la Ley 11/2022, de 28 de junio, General de Telecomunicaciones, hasta normas de Derecho digital como la Ley 34/2002, de 11 de julio, de servicios de la sociedad de la información; normas administrativas como la Ley 8/2011, de 28 de abril, por la que se establecen medidas para la protección de las infraestructuras críticas; la Ley 36/2015, de 28 de septiembre, de Seguridad Nacional; el Real Decreto 203/2021, de 30 de marzo, por el que se aprueba el Reglamento de actuación y funcionamiento del sector público por medios electrónicos, o el Real Decreto 311/2022, de 3 de mayo, por el que se regula el Esquema Nacional de Seguridad, e incluso normas relativas a la protección de los derechos fundamentales como la Ley Orgánica 4/2015, de 30 de marzo, de protección de la seguridad ciudadana o la LOPDGDD.

A mayor abundamiento, y a falta de una buena codificación completa y sistemática el legislador ha completado el marco general regulador de la ciberseguridad en España con la transposición de la Directiva NIS mediante el Real Decreto-ley 12/2018, de 7 de septiembre, de seguridad de las redes y sistemas de información, y la aprobación del Real Decreto 43/2021, de 26 de enero, por el que se desarrolla el propio Real Decreto-ley 12/2018.

elegir productos con las características de ciberseguridad adecuadas o utilizarlos de manera segura. En un entorno conectado, un incidente de ciberseguridad en un producto puede afectar a toda una organización o cadena de suministro y, con frecuencia, propagarse a través de las fronteras del mercado interior en cuestión de minutos. Esto puede dar lugar a graves perturbaciones de las actividades económicas y sociales o incluso convertirse en una amenaza para la vida. De ahí la necesidad de que se siga impulsando este texto normativo.

6.4. Informe de ENISA sobre estándares de ciberseguridad en inteligencia artificial

Debido a la maraña normativa, probablemente lo más interesante a los efectos de este capítulo sea comentar que el pasado 14 de marzo de 2023, la Agencia de la Unión Europea para la Ciberseguridad (ENISA) publicó un informe cuyo objetivo principal es facilitar una visión global sobre los diferentes estándares, tanto existentes como futuros, aplicables a la ciberseguridad de la inteligencia artificial, evaluando los puntos cubiertos por los mismos, así como aquellos aún pendientes de estandarizar. En dicho proceso de estandarización, ENISA alerta sobre la importancia de tener en cuenta las características particulares de la inteligencia artificial, y en especial, la capacidad de aprendizaje automático[18].

En este marco, uno de los principales puntos que se abarcan en el informe, y que debe ser tenido en cuenta en la estandarización de la ciberseguridad de la inteligencia artificial, es la ampliación del paradigma habitual de ciberseguridad (basado en los tres pilares de confidencialidad, integridad y disponibilidad) añadiendo un nuevo elemento, la fiabilidad. Según ENISA, las características que deberán evaluar la fiabilidad de la inteligencia artificial son las siguientes: la solidez, la supervisión, la exactitud, la rastreabilidad, la explicabilidad y la transparencia.

---

[18] Resulta muy revelador y, por ello, reflejamos en los siguientes párrafos su análisis el artículo publicado por Larrea, N. y Tena, P., «Informe de ENISA sobre estándares de ciberseguridad en Inteligencia Artificial», *Cuatrecasas*, 17 de abril de 2023. Puede consultarse en https://www.cuatrecasas.com/es/spain/art/informe-de-enisa-sobre-estandares-de-ciberseguridad-en-inteligencia-artificial

El informe examina los beneficios de la normalización en la aplicación del Reglamento sobre inteligencia artificial y cómo las normas técnicas y organizativas actualmente existentes, como son, por ejemplo, las normas pertenecientes a la serie 27000 sobre sistemas de gestión de seguridad de la información —o la ISO-IEC 9001, sobre sistemas de gestión de calidad, de forma complementaria—, pueden contribuir a mitigar algunos de los riesgos a los que se enfrenta la inteligencia artificial partiendo de la base de que la misma consiste, en mayor medida, en un *software* y que, por tanto, deben resultar de aplicación las medidas de seguridad habituales aplicables a los *softwares*. ENISA aprovecha dicho informe para hacer un repaso de todos los estándares que están siendo desarrollados en materia de inteligencia artificial y que tienen en cuenta las características de fiabilidad, calidad del dato, gobernanza, etc.

Sobre esta base, ENISA destaca que los estándares actuales deben ser adaptados y/o complementados en atención a las características específicas de la inteligencia artificial. Para ello, será necesario, entre otras cuestiones:

(i) Unificar la terminología y definición de inteligencia artificial con el fin de que todos los estándares normalizados se basen en un mismo concepto de inteligencia artificial y se determine cuáles son las características de fiabilidad que deben quedar cubiertas con dichos estándares.

(ii) Elaboración de guías complementarias que sirvan como hoja de ruta sobre cómo deben ser aplicados los estándares generales en el ámbito de la inteligencia artificial, así como guías que permitan adaptar dichas normas a las especificidades de la inteligencia artificial, al poder incluir no solo elementos de *software*, sino también *hardware* e infraestructuras complejas que requieren de medidas técnicas y organizativas adaptadas.

(iii) Los estándares citados darán una base de ciberseguridad para ser aplicada a la inteligencia artificial, pero con limitaciones, al tratarse de desarrollos tecnológicos que no han alcanzado una madurez suficiente como para ser normalizados. En este sentido, a pesar de que ya empiezan a

> elaborarse los primeros estándares normalizados en relación con sistemas de inteligencia artificial, estos deberán contar con una monitorización constante con el fin de ser actualizados y adaptados periódicamente a medida que los desarrollos tecnológicos vayan avanzando. En todo caso, dado que, a menudo, se trata de sistemas que no han alcanzado una madurez, no se podrá esperar que dichos estándares estén adaptados al 100 % a los sistemas.

Finalmente, ENISA concluye que la estandarización de la ciberseguridad en la inteligencia artificial será un pilar importante en la implementación del Reglamento sobre inteligencia artificial, pero aún queda mucho camino por delante en su adaptación con el fin de cubrir la totalidad de los elementos que abarca la inteligencia artificial, en general, y sus aplicaciones específicas en el ámbito sanitario, en particular.

En cualquier caso, de lo que no cabe duda es de que la Unión Europea está dando pasos significativos hacia la regulación de la inteligencia artificial en el ámbito sanitario a través de un enfoque garantista, basado en el riesgo y que busca equilibrar la protección de los derechos fundamentales y la seguridad con el fomento de la innovación y el crecimiento económico.

7

RETOS FUTUROS Y RECOMENDACIONES

1. RETOS ÉTICOS Y LEGALES

Como se ha podido observar, la regulación europea y española existente sobre protección de datos —tanto la genérica, como la específica en el ámbito sanitario— guiada por el *soft law* de las cartas de derechos digitales, así como el Reglamento europeo sobre inteligencia artificial bastante interesante y con mucho potencial, sirven a día de hoy para cubrir las principales lagunas normativas de las que pueda adolecer nuestro sistema.

Dicho lo anterior, resulta evidente que en tanto cristaliza y se implementa paulatinamente el Reglamento de inteligencia artificial, tendremos que hacer frente a una serie de retos éticos y legales de calado en la implementación de la inteligencia artificial en el ámbito sanitario toda vez que la tecnología avanza siempre más rápido que el Derecho.

Entre los mismos, podemos destacar los que se describen en las siguientes páginas[1].

---

[1] Como en otros apartados de este trabajo, para la redacción de este apartado hemos reproducido debido a su claridad y precisión parte del contenido de ROMEO, C.

1.1. Garantizar el anonimato de los individuos y pacientes

El primer aspecto a tener en cuenta, desde el punto de vista del Derecho, tiene que ver con el *big data* y la privacidad de los datos, puesto que las herramientas de inteligencia artificial utilizan y aprenden a partir de datos de pacientes e individuos sanos.

Así las cosas, actualmente ni el RGPD ni la LOPDGDD se refieren al manejo de datos relacionados con la salud en el marco asistencial o clínico, sino que solo se contempla el uso de datos en la investigación biomédica. En este caso sí que se impone la protección de los datos de los individuos, de modo que la privacidad debe garantizarse desde el inicio en la gestión y ciclo de vida del tratamiento de datos.

Resulta evidente que la inteligencia artificial puede ofrecer múltiples beneficios a la sociedad siempre que se mantenga el respeto por los derechos de las personas, su privacidad y la protección de sus datos personales.

Este aspecto es crítico, sobre todo en el campo de la salud, donde los sistemas de información disponen de grandes cantidades de datos. Pero estos datos son de naturaleza heterogénea y en la mayoría de los casos sin estructurar, lo que dificulta su procesamiento y anonimización, con el consiguiente riesgo de que sea posible la reidentificación del individuo fuente.

El procedimiento de anonimización puede ser tan sencillo como eliminar la información personal de una base de datos. Sin embargo, la anonimización completa de los datos de pacientes no siempre se puede garantizar y en la realidad el proceso es bastante complejo. Por ejemplo, se pueden emplear técnicas de procesamiento de lenguaje natural sobre texto abierto de la historia clínica digital para excluir los nombres propios de los pacientes. El problema radica en que pueden existir ambigüedades en el lenguaje que son difíciles de explicar a las máquinas (por ejemplo, el término «sol» puede ser un factor de riesgo de melanoma o el nombre de una paciente).

(coord.), *op. cit.*, pp. 15-20 y lo hemos complementado con consideraciones de elaboración propia, así como con actualizaciones normativas recientes.

Es previsible que la legislación vaya avanzando en este sector. En un marco regulatorio diferente, la Agencia Española de Protección de Datos define una serie de procedimientos que hay que tener en cuenta para el acceso a la información personal. Por ejemplo, cuando se solicitan datos al sistema de salud el RGPD exige redactar un documento de impacto de privacidad de acuerdo con la *Guía práctica para las evaluaciones de impacto en la protección de datos*[2]; y también es necesario realizar un análisis de riesgos de seguridad según el Esquema Nacional de Seguridad a través de la plataforma proporcionada por el Centro Criptológico Nacional. Por tanto, el principal reto para los expertos en inteligencia artificial es garantizar que no se pueda reidentificar a los individuos a partir de los datos disponibles en distintos recursos, puesto que no se podría garantizar el anonimato de las personas en el futuro.

Incluso habiendo solventado el problema de la anonimización, existe un elevado riesgo de identificar datos anónimos o reidentificar datos como pertenecientes a una determinada persona con relativa facilidad, debido a la capacidad de la inteligencia artificial de establecer relaciones entre grandes cantidades de datos. En estos casos es necesario llegar a soluciones en las que el coste del proceso de reidentificación de los pacientes sea muy superior a los beneficios que se puedan obtener en caso de conseguirlo.

Desde el punto de vista legal, queda mucho por avanzar. En la LOPDGDD únicamente se requiere un compromiso por parte de los investigadores en el campo de la salud para no reidentificar al individuo cuyos datos les ha proporcionado, y no se prevé ninguna consecuencia jurídica o sanción específica por su infracción, por lo que sería necesario verificar si es aplicable una sanción administrativa más general. Por otro lado, los datos anonimizados no están protegidos por el RGPD y pueden transferirse sin restricciones desde el punto de vista jurídico. Sin embargo, si estos datos son reidentificados sí que están protegidos.

---

[2] Cotino, L., «*Big data* e inteligencia artificial. Una aproximación a su tratamiento jurídico desde los derechos fundamentales», *Dilemata*, 2017, 24(9), pp. 131-150.

1.2. Protección de la información del individuo por la posibilidad de establecer relaciones entre datos masivos a través de las tecnologías del *big data*

Se han comentado los beneficios que supone la posibilidad que ofrece la inteligencia artificial de establecer relaciones dentro del análisis de datos masivos, pero esta entraña ciertos riesgos que hay que tener en cuenta, dado que los datos no se reducen solo a información directa sobre la salud de las personas, sino que también incluyen aquellos datos que pueden dar lugar a conclusiones sobre la salud de las personas tras su procesamiento. En este sentido, el RGPD contempla la protección reforzada de los datos de salud, cuyo acceso masivo para su uso en la medicina personalizada de precisión está en auge.

Los algoritmos de inteligencia artificial utilizarán todo tipo de variables que puedan ofrecer alguna correlación con respecto al acontecimiento sobre el que se pretende ofrecer un pronóstico. Por ejemplo, un sistema de inteligencia para la ayuda en el diagnóstico clínico puede requerir información sobre dónde vive un individuo, que *a priori* no es un dato sobre salud, sino un dato «circunstancialmente relevante» para la salud, cuya naturaleza jurídica no está muy definida. Sin embargo, este dato puede aportar información relevante sobre condicionantes ambientales de la salud, como los niveles de contaminación o de salubridad a los que se está expuesto. Facilitar esta información al clínico para el diagnóstico puede no suponer un problema una vez se explica la relación entre ambas variables, pero esto puede extrapolarse a datos como el género, etnia, profesión, ideología, tendencia sexual u otros que tienen una protección singular, y que no todo el mundo está dispuesto a proporcionar. Además, una herramienta de inteligencia artificial puede analizar múltiples datos de distintas fuentes para extraer conclusiones sobre la salud de un individuo, que a su vez se pueden incluir en el análisis como nueva información de la que sacar nuevas conclusiones, de manera que estas herramientas de inteligencia artificial se retroalimentan en cierto sentido. El problema radica en que, si un individuo no quiere proporcionar información personal, dada la capacidad de la inteligencia artificial de establecer relaciones, las herramientas podrían llegar a obtener dicha información, aunque no lo deseemos, e incluirla en futuros análisis.

Por consiguiente, lo importante en el tratamiento de la información no es tanto el carácter de los datos a primera vista, sino las conclusiones que se pueden derivar y el contexto en el que se pueden tratar. En este sentido, el concepto del «dato de salud» y el procesamiento del mismo es muy amplio, y la naturaleza de los datos en salud que se pueden requerir a los individuos es algo relativo, por lo que habrá que valorar y determinar si un dato concreto se puede incluir en el *pool* de información a analizar, o no, o en qué condiciones.

1.3. Evitar posibles sesgos a la hora de tomar decisiones basadas exclusivamente en perfiles y en procesos de estratificación

Como consecuencia de la gran velocidad a la que los algoritmos analizan gran cantidad de datos, generando nueva información y aprendiendo de ella, se llega a un punto en el que se supera la capacidad humana de comprobar o hacer seguimiento de cómo se llega a conclusiones, ni por parte del usuario ni del desarrollador.

De este modo, no se sabe cómo una herramienta de inteligencia artificial ha llegado a determinada conclusión por la complejidad del proceso algorítmico. Además, a esta imposibilidad de seguir el proceso por su complejidad se le suma el hecho de que a veces dicho proceso está sujeto a secreto empresarial.

Así las cosas, el propio Parlamento Europeo señaló que esto podía dar lugar a situaciones de discriminación y sesgo algorítmico, por lo que propuso un marco ético común de máxima prudencia, en referencia a la necesidad de evaluaciones periódicas sobre la representatividad de los conjuntos de datos y de examinar la exactitud e importancia de las predicciones.

Teniendo en cuenta la naturaleza de los datos que se pueden pedir a un individuo para que los procese un sistema de inteligencia artificial, cabe la posibilidad de que algunas personas, ejerciendo libremente sus derechos, no quieran facilitar dicha información y, por tanto, esos datos no se incluyan para que un algoritmo aprenda de ellos, disminuyendo la representatividad de la muestra. En un futuro, al emplear un determinado algoritmo para tomar decisiones sobre la salud de la población en el que no se haya incluido en la muestra información de todos los individuos (porque así lo han deseado), podría incurrirse en una toma de decisiones sesgada, incumpliendo el principio de igualdad en cuanto a tratamiento dentro del sistema de salud.

Además, la toma de decisiones basadas en procesos automatizados o en perfiles obtenidos de pacientes, supone el riesgo de que al clasificar o estratificar a los pacientes con base en criterios que establecen los desarrolladores, por lo que podrían tomarse decisiones discriminatorias, estigmatizadoras o arbitrarias si estos criterios están sesgados o si los perfiles son el único aspecto que se tiene en cuenta a la hora de tomar una decisión.

Por otra parte, los algoritmos aprenden de los datos históricos acumulados. Esto supone un problema porque, por ejemplo, se puede incurrir nuevamente en otro tipo de sesgos (por ejemplo, por razón de género o de etnia) como resultado de la reproducción de modelos pasados (lo que se conoce como dictadura de los algoritmos). Esto plantea la posibilidad de que la decisión o la conclusión a las que se lleguen tras el análisis de datos, por parte de algoritmos, puede, o no, ser la óptima, y por ello, a la hora de aplicarlos en el ámbito sanitario es necesario que se puedan validar.

En este sentido, resulta preceptivo regular esta tecnología con normativa similar a la de los ensayos clínicos o a la de implantación de nuevas tecnologías, acreditación de las herramientas, diseño de protocolos que ayuden a evitar sesgos de los datos, protocolos de buenas prácticas, etc. En definitiva, es necesaria su validación y posteriormente su vigilancia, porque la aplicación de una decisión guiada por un algoritmo va a tener muchas implicaciones y consecuencias desde el punto de vista legal y ético.

Una idea interesante para abordar este reto sería extender el juramento hipocrático de los médicos a los ingenieros y desarrolladores de inteligencia artificial aplicada en salud, de manera que se aseguren los principios bioéticos de todos los profesionales que jugarán un papel relevante en la medicina del futuro; o la elaboración de los actuales códigos de conducta por el sector concernido. Esto es importante, porque tanto para el profesional como para el sistema de salud es imprescindible llegar a las conclusiones más óptimas con las mayores garantías.

Afortunadamente, y como hemos explicado con anterioridad, ese es el espíritu del Reglamento sobre inteligencia artificial de la Unión Europea.

1.4. GARANTIZAR QUE LA TOMA DE DECISIONES NO SEA AUTOMATIZADA O BASADA EXCLUSIVAMENTE EN PROPUESTAS DEL SISTEMA DE INTELIGENCIA ARTIFICIAL O EN PERFILES OBTENIDOS DE LOS PACIENTES

La medicina basada en la evidencia supone un paradigma que ha favorecido la progresiva estandarización de las prácticas clínicas en las últimas décadas, como se ve en la adopción de protocolos y guías de actuación para el abordaje de diferentes patologías.

La inclinación hacia la automatización en la toma de decisiones fundamentadas únicamente en algoritmos de inteligencia artificial entraña ciertos peligros, como la supresión de la autonomía y la iniciativa del profesional, además de fomentar la siempre temida monotonía en la práctica profesional.

Adicionalmente, se debe constatar de forma continua la precisión de los resultados de la inteligencia artificial, no solo por su avanzada tecnología, sino también para detectar posibles sesgos que puedan surgir de datos erróneos o inexactos que hayan sido alimentados al sistema para su análisis pertinente.

Por tanto, una toma de decisiones completamente automatizada no es aceptable; debe haber una participación humana específica, particularmente una decisión tomada por los profesionales. Aunque los profesionales médicos se guíen por protocolos establecidos al decidir el tratamiento para una enfermedad específica, siempre deben emitir un juicio que sea relevante para la situación particular. En este ámbito, las tecnologías de inteligencia artificial deberían funcionar como un componente adicional en estos protocolos, pero nunca reemplazar al médico, permitiendo así un enfoque de atención médica personalizada.

Los sistemas de inteligencia artificial posibilitan el procesamiento de datos mediante algoritmos comparativos y de análisis estadístico, con la finalidad de desarrollar perfiles útiles, por ejemplo, para una más eficaz clasificación de pacientes. No obstante, cuando la toma de decisiones se apoya únicamente en la automatización o en perfiles generados de los pacientes, podría comprometerse la autonomía de los mismos o su derecho a entender el porqué de ciertas decisiones. Para asegurar el respeto a los derechos fundamentales, es crucial revisar de forma continua los perfiles generados con estas herramientas y los algoritmos subyacentes.

En todo caso, las herramientas de inteligencia artificial deben actuar como soportes que faciliten y simplifiquen el trabajo del médico, liberando su tiempo para actividades en las que pueda aportar mayor valor. Estas tecnologías son altamente efectivas a la hora de clasificar y predecir, pero su complejidad también hace difícil entender completamente su funcionamiento, y siempre existe margen para el error. En este punto, el médico debe utilizar información complementaria para tomar la decisión más adecuada, siendo él quien tenga la última palabra. Es decir, los sistemas de inteligencia artificial deben estar enfocados en desarrollar protocolos en los que la colaboración con el profesional médico resulte en una mejora significativa en la atención al paciente y la labor asistencial al mismo.

De este modo, recae en el médico la responsabilidad de garantizar que las decisiones médicas no se fundamenten exclusivamente en las recomendaciones del sistema de inteligencia artificial o sean totalmente automáticas, especialmente si se trata de optar por un tratamiento específico sin ofrecer alternativas, aunque estas sean menos efectivas. Esto es crucial para evitar decisiones arbitrarias, prácticas discriminatorias, o la exclusión de tratamientos basados en criterios no estrictamente relacionados con la salud del paciente.

Por tanto, los crecientes procesos de automatización no pueden ser completamente independientes del ser humano, toda vez que requieren vigilancia constante. En consecuencia, no deben excluir la especificidad de la relación entre médico y paciente, que atiende a las particularidades que pueda presentar este último. Esta relación es propia de una medicina humanizada, bien que digitalizada, que se viene reclamando insistentemente desde hace años. En este sentido, la máquina no puede reemplazar al ser humano en una relación que se construye a partir de la reunión de áreas complementarias de autonomía, competencia y responsabilidad.

Estos nuevos escenarios requerirán de formación específica para los médicos, porque tendrán que conocer las posibles limitaciones de estas técnicas o, por ejemplo, el sesgo en la interpretación de los resultados; e, indudablemente, estar al tanto de los avances que se produzcan.

1.5. ASEGURAR LA TRANSPARENCIA SOBRE LOS ELEMENTOS ESENCIALES Y SOBRE EL PROCESO POR EL CUAL UN SISTEMA DE INTELIGENCIA ARTIFICIAL LLEGA A UNA CONCLUSIÓN DECISORIA

Una limitación que se encontrarán los profesionales sanitarios cuando empleen este tipo de sistemas es que, de manera inherente a ellos, son herramientas poco transparentes en el proceso decisional que siguen. Por un lado, porque muchas veces están amparados bajo el secreto profesional, y por otro, por la enorme complejidad del diseño del algoritmo. Normalmente, cuanto más complejo es el modelo, más complicado resulta para el usuario extraer información útil o interpretable del mismo. Los humanos no tenemos la capacidad de cómputo que permite al algoritmo procesar datos y aprender de ellos (generando nueva información y aprendiendo también de ella), por lo que con estas herramientas obtenemos resultados muy potentes, pero no sabemos cómo se ha llegado a ellos, funcionando como una «caja negra».

Esta opacidad en los elementos y en el proceso por el cual un sistema de inteligencia artificial ha llegado a una conclusión, conlleva el riesgo de que el profesional de la salud no pueda validar y confirmar o descartar la propuesta del sistema porque desconoce la lógica interna por la cual se ha llegado a dicho resultado, como se indicó más arriba.

El clínico (y el paciente) sentirá más seguridad respecto a la decisión clínica si puede entender la lógica detrás de estos sistemas de inteligencia artificial, más allá de que el resultado sea lo importante y condicione claramente la toma de decisiones. En la medida de lo posible, el conocer cómo funcionan estas herramientas por parte del profesional sanitario puede contribuir a solventar este problema, poniendo en relieve la importancia de incorporar a la formación del profesional conocimientos para la utilización de herramientas, entendiendo sus limitaciones y así poder transmitírselas al paciente.

1.6. ESTABLECER A QUIÉN ATRIBUIR Y QUIÉN DEBE ASUMIR RESPONSABILIDADES A LA HORA DE EMPLEAR HERRAMIENTAS DE INTELIGENCIA ARTIFICIAL EN SALUD

Existe una serie de aspectos a tener en cuenta sobre la atribución de responsabilidades a la hora de emplear las herramientas basadas en inteligencia artificial en el campo de la salud. Por ello, se plantea la necesidad de establecer un marco ético común y sólido. De la opacidad de los sistemas de inteligencia artificial deriva la discusión sobre la responsabilidad en la toma de decisiones, si ha dado lugar al deterioro de la salud del paciente.

En el caso de que se llegue a un resultado erróneo hay que discernir si se trata de un fallo en el sistema o si el profesional mismo ha cometido el error y, por tanto, recae sobre él la responsabilidad de los daños causados al paciente. Se trata de una cuestión compleja, porque la atribución de responsabilidades tiene que ver con quién toma una decisión sobre la salud de un paciente y con el correcto funcionamiento de los sistemas o herramientas «inteligentes» que se apliquen.

En tanto en cuanto la propuesta de Directiva para adaptar las normas de responsabilidad extracontractual en la inteligencia artificial presentada el 28 de septiembre de 2022 no esté aprobada, tendremos que ceñirnos al sistema de responsabilidad vigente, a saber, el médico tiene que asumir, en primer lugar, la responsabilidad sobre daños producidos en la salud del paciente en caso de mal uso de estas herramientas, puesto que es él quien debe garantizar que la recomendación o la conclusión que se alcanza con inteligencia artificial sea razonable o que al menos no sea perjudicial para el paciente. Es, por tanto, responsabilidad del clínico utilizar aquellos sistemas o herramientas que estén acreditados y aceptados para su aplicación clínica, pero no incurrirá en responsabilidad si el sistema funciona de manera incorrecta, en cuyo caso la responsabilidad se trasladará a quien haya diseñado el sistema, siempre y cuando no haya advertido del posible mal funcionamiento, o del encargado de su mantenimiento y actualización.

En el caso de que el desarrollador haya advertido al usuario (el profesional de la salud) de los posibles fallos y haya sido totalmente transparente, hay que garantizar que alguien correrá con la responsabilidad, para lo que se ha planteado la implantación de una responsabilidad objetiva (siempre que no sea de naturaleza penal), que desde el punto de vista jurídico significa que el centro sanitario o el médico responden de los daños que se causen, independientemente o en lugar de la culpa personal que se pudiera imputar. Esto podría plantearse cuando los riesgos de daños sean desproporcionados, igual que ocurre con otros riesgos que se asumen en la atención sanitaria.

Tampoco debe olvidarse la responsabilidad directa, asimismo de base objetiva, que pueden tener que asumir las Administraciones sanitarias en el sistema público de salud como consecuencia de los actos de sus empleados.

En este sentido, cuando se produzca un fallo o mal funcionamiento evitable de la herramienta basada en inteligencia artificial, no cabe hablar de responsabilidad jurídica de las máquinas, pero sí de los desarrolladores y de los usuarios (los profesionales). Es responsabilidad de estos tomar las medidas oportunas para conseguir que se realice una validación dinámica del proceso o disponer de mecanismos para comprobar que no se producen disfunciones. Para evitar esto, es necesario que la validación se realice de dos maneras diferentes: una validación dinámica interna del instrumento (validando que en su desarrollo no se han introducido sesgos que alteren su funcionamiento de acuerdo con los intereses o las inclinaciones de los programadores) y otra relativa a la precisión de su análisis y a la exactitud de sus predicciones, lo que muchas veces dependerá de la propia calidad de los datos utilizados en su confección.

La obligación de que haya acreditaciones de estos procesos es semejante a la que debe obtener un producto sanitario para que pueda ser usado en la clínica. Este proceso de acreditación como tecnología sanitaria es importante y supondrá un reto, puesto que son tecnologías novedosas y muy complejas, lo cual puede entrañar cierta dificultad a la hora de determinar su naturaleza jurídica y el régimen de acreditación que, en consecuencia, corresponda. En relación con esto, hay que mencionar el Reglamento (UE) 2017/745 de 5 de abril de 2017, sobre los productos sanitarios, por el que se modifican la Directiva 2001/83/CE, el Reglamento (CE) 178/2002 y el Reglamento (CE) n.º 1223/2009 y por el que se derogan las Directivas 90/385/CEE y 93/42/CEE del Consejo. El mismo se aplicará a las herramientas de inteligencia artificial concebidas como *softwares* que se identifiquen con el concepto de producto sanitario.

En cuanto a la utilización de herramientas de inteligencia artificial en investigación, el sistema de gestión de riesgos y de responsabilidad debe ser diferente, puesto que, en este ámbito, en principio, no se van a tomar decisiones clínicas, salvo que si se trata de un ensayo clínico se encuentre en la fase de experimentación sobre seres humanos. Esto implica también que las conclusiones o perfiles que se generen con algoritmos no estarán necesariamente validados por un profesional, por lo que en este campo estaría permitida en algunos casos la opción de tomar decisiones de manera automatizada. El procedimiento consiste en que la Agencia Española de Protección de Datos debe evaluar el nivel de riesgo al que se somete a los sujetos si se emplean estas herramientas.

2. RECOMENDACIONES

A la luz de lo expuesto hasta el momento, teniendo en cuenta los futuros retos éticos y legales que acabamos de describir, y con el propósito de impulsar la implementación de sistemas de inteligencia artificial en el ámbito sanitario dadas sus considerables ventajas y posibilidades, pero respetando, en todo caso, los derechos fundamentales de los pacientes, creemos oportuno concluir este trabajo realizando las recomendaciones y sugerencias que se relacionan en los siguientes apartados[3].

[3] Al igual que hicimos en materia de casos de uso, hemos combinado nuestra experiencia en esta materia con las recomendaciones ya contenidas en trabajos tan relevantes como los siguientes: Romeo, C. (coord.), *op. cit.*, pp. 21-22; y Asociación Española para la Digitalización, *op. cit.*, pp. 53-55.

2.1. La inteligencia artificial como instrumento de ayuda en la toma de decisiones del profesional sanitario: autonomía y supervisión humana

La inteligencia artificial está desempeñando un papel significativo en el apoyo a la toma de decisiones de los profesionales sanitarios. Sin embargo, resulta esencial encontrar un equilibrio entre la autonomía de los sistemas de inteligencia artificial y la supervisión humana para garantizar decisiones seguras y eficaces. A continuación, se presentan algunas recomendaciones clave en este ámbito:

(i) Los sistemas de inteligencia artificial, incluso los más avanzados, podrán ser instrumentos de ayuda en la toma de decisiones del profesional sanitario, sin llegar nunca a reemplazarlo, en una relación que se construye a partir de la confluencia de áreas complementarias de autonomía, competencia y responsabilidad, que deben continuar presidiendo la relación médico-paciente.

(ii) Las decisiones que tomen los profesionales en el ámbito asistencial podrán apoyarse en las conclusiones o propuestas de los sistemas de inteligencia artificial, pero deberán evitar adoptarlas de manera rutinaria, automática o a partir exclusivamente de perfiles de los pacientes o de su estratificación, sin atender a cada situación individual.

(iii) De esta forma, resulta fundamental percibir la inteligencia artificial como un complemento y no como un reemplazo de la experiencia humana. Los sistemas deben ser diseñados para proporcionar información y análisis que enriquezcan la capacidad de toma de decisiones de los profesionales, manteniendo el control humano sobre las decisiones finales.

(iv) Es importante definir límites claros para la autonomía de la inteligencia artificial. Así, se deben establecer criterios sobre qué tipos de decisiones pueden ser asistidas por la inteligencia artificial y en qué casos es esencial la intervención y juicio humano.

(v) Allá donde sea posible, por el bajo riesgo, se deben elaborar protocolos de actuación (científicamente respaldados) para aligerar la carga de los facultativos y/o del personal administrativo.

(vi) De igual forma, se deben desarrollar protocolos de supervisión que determinen cómo y cuándo los profesionales deben revisar y validar las recomendaciones de la inteligencia artificial. Esto puede incluir procedimientos para verificar la precisión de la información y consultar con colegas o especialistas cuando sea necesario.

(vii) Para que la exigencia de revisiones y constantes controles no disuada a los profesionales sanitarios del uso de estas herramientas, conviene, asimismo, sensibilizar a estos sobre la importancia de contribuir a la mejora progresiva de los mismos y la minimización del concepto de «riesgo aceptable», a través, precisamente, de la experiencia compartida de toda la profesión.

(viii) Complementariamente a la ya mencionada supervisión constante de los facultativos, o a un potencial esquema de certificaciones, puede ser pertinente contar con el apoyo de técnicos expertos acreditados e independientes que pudieran, por ejemplo, validar la adecuación del manejo de ciertas herramientas para cada uno de los usos para los cuales fue diseñada o contratada, y a los cuales pudieran acudir los médicos en caso de dudas a este respecto.

(ix) En cualquier caso, no debe olvidarse que es responsabilidad de todas las partes interesadas asegurarse de que los sistemas de inteligencia artificial se utilicen en las condiciones adecuadas y por personas debidamente capacitadas.

(x) Deben existir mecanismos efectivos de control, medición de impacto y reparación para las personas y grupos que se vean afectados negativamente por decisiones basadas en algoritmos.

(xi) Particularmente en el ámbito sanitario, las personas deben mantener el control de los sistemas de atención de la salud y las decisiones médicas, de modo que la atribución de responsabilidades en caso de error de juicio del algoritmo nunca recaiga en un ente no humano.

2.2. Transparencia y explicabilidad

En el proceso de implantación de la inteligencia artificial en el ámbito sanitario, la transparencia y la explicabilidad desempeñan un papel esencial para garantizar su aceptación y eficacia. En efecto, parece más que conveniente garantizar el principio de transparencia y de información para minimizar las posibles reticencias a las herramientas de inteligencia artificial que surgen de la percepción de no conocer cómo toman las decisiones, en este caso, sobre la salud de las personas. Para ello, será imprescindible potenciar la difusión de información y de transparencia a la hora de aplicar estas herramientas.

De este modo, a continuación, presentamos algunas recomendaciones que podrían servir de guía en este proceso:

(i) Derecho a saber: las personas deben tener garantizado el derecho a saber cuándo están interactuando con un sistema de inteligencia artificial.
(ii) Diseño explicable: va a resultar crucial que los algoritmos de inteligencia artificial estén diseñados para ser explicables, es decir, que sean capaces de proporcionar una justificación clara y comprensible de cómo se llega a una decisión o resultado particular.
(iii) Comunicación clara: la comunicación sobre cómo funcionan los sistemas de inteligencia artificial, sus capacidades y limitaciones, debe ser clara y accesible para todos los involucrados, desde profesionales de la salud hasta pacientes a fin de fomentar la confianza y el entendimiento de dichos sistemas.
(iv) Garantizar la trazabilidad: es importante asegurar la trazabilidad sobre:

a) Los métodos utilizados para diseñar y desarrollar el sistema algorítmico.

b) Los métodos empleados para ensayar y validar el sistema algorítmico.
c) Los resultados del sistema algorítmico.

(v) Documentación y auditoría: mantener una documentación detallada de los procesos de desarrollo, entrenamiento, validación y aplicación de la inteligencia artificial va a ser clave para la transparencia. Asimismo, permitir auditorías de los sistemas de inteligencia artificial puede ayudar a garantizar que se adhieren a los estándares y regulaciones, y que operan de manera justa y precisa.

(vi) Involucración de las partes interesadas: involucrar a todas las partes interesadas, desde profesionales de la salud hasta pacientes y reguladores, en el proceso de desarrollo y aplicación de la inteligencia artificial puede ayudar a asegurar que la misma se implementa de manera transparente y que responde a las necesidades y preocupaciones de todos ellos.

(vii) *Feedback* continuo: facilitar mecanismos de retroalimentación para que los usuarios puedan expresar sus experiencias, preguntas o preocupaciones sobre los sistemas de inteligencia artificial puede proporcionar información valiosa para mejorar la transparencia y explicabilidad de la misma.

2.3. ROBUSTEZ

La robustez de los sistemas de inteligencia artificial es fundamental para garantizar su fiabilidad y efectividad en el sector sanitario. Para garantizar la misma recomendamos lo siguiente:

(i) Antes de su implementación, los sistemas de inteligencia artificial deben ser sometidos a extensas pruebas y validaciones, asegurándose de que pueden manejar una amplia gama de escenarios y datos, y que son precisos y fiables en sus resultados.

(ii) Diseñar sistemas de inteligencia artificial con capacidad para tolerar fallos sin comprometer la integridad de los datos o la seguridad del paciente.

(iii) Establecer procesos para la actualización continua de los sistemas de inteligencia artificial, permitiendo que se adapten y mejoren con el tiempo. Ello debe implicar no solo una alimentación continua de nuevos datos y avances científicos, así como de un entrenamiento constante de la inteligencia artificial, sino también la corrección de errores y vulnerabilidades.

(iv) Implementar medidas de seguridad para proteger los sistemas de inteligencia artificial contra ataques maliciosos, como manipulación de datos o ataques de adversario, que podrían comprometer su funcionamiento.

(v) En esta misma línea, promover la implantación de un sistema de protección o de almacenamiento en la nube que permita crear copias de seguridad a efectos de recuperar y proteger los datos de pacientes ante cualquier tipo de inconveniente, ya sea apagón, error o destrucción del sistema o ataques de seguridad, garantizando, en todo caso, la continuidad del servicio y asegurando la existencia de procedimientos alternativos para continuar proporcionando atención médica y sanitaria de alta calidad.

(vi) Implementar sistemas de monitorización en tiempo real para rastrear el desempeño de la inteligencia artificial y detectar cualquier desviación o comportamiento anómalo a fin de poder intervenir con rapidez y eficiencia en caso de incidencias.

(vii) Promover un sistema de certificación para *software* de inteligencia artificial en sanidad a nivel nacional, basado en criterios objetivos de calidad de las auditorías algorítmicas, e impulsar esa certificación a nivel europeo.

(viii) Dado que no todos los modelos algorítmicos ofrecen los mismos resultados en los distintos casos de uso, la experiencia tanto en el ámbito sanitario en otros sectores, investigaciones y organizaciones será esencial para saber escoger entre *machine learning* y *deep learning* y, dentro de la primera categoría, entre aprendizaje supervisado, aprendizaje no supervisado y aprendizaje reforzado.

2.4. Fomento de la innovación y el desarrollo

La creatividad, la investigación audaz y la experimentación son las fuerzas vitales que permitirán a la inteligencia artificial florecer en todo su esplendor en el sector sanitario. Para que estos brotes de innovación echen raíces y prosperen, es imperativo fomentar y proteger la investigación y desarrollo de esta tecnología tan disruptiva. Para ello, recomendamos lo siguiente:

(i) Fomentar la colaboración entre universidades, centros de investigación, hospitales y empresas privadas para impulsar la innovación a través de asociaciones, consorcios y proyectos de investigación conjuntos que combinen recursos y conocimientos.
(ii) Crear programas de incentivos, como subvenciones, premios o desgravaciones fiscales, para estimular la investigación y desarrollo de nuevas tecnologías de inteligencia artificial en el sector sanitario.
(iii) Crear aceleradoras e incubadoras específicas para *startups* y proyectos que estén desarrollando tecnologías de inteligencia artificial en el sector sanitario a fin de acelerar el proceso de innovación y la captación de fondos y recursos.
(iv) Fomentar el registro de patentes para nuevas invenciones relacionadas con inteligencia artificial en salud, proporcionando orientación y apoyo a los inventores en el proceso de solicitud de patentes.
(v) Establecer políticas claras respecto al respeto y reconocimiento de la propiedad intelectual del *software* sobre el que se levantan los algoritmos de inteligencia artificial, y garantizar que se cumplan las leyes de derechos de autor y licencias.

2.5. Regulación y responsabilidad: privacidad, calidad de los datos y discriminación

Tal y como estamos viendo a lo largo todo este trabajo, en el fascinante horizonte de la inteligencia artificial en el ámbito sanitario, donde la tecnología se convierte en un aliado invaluable en la atención de la salud, es imperativo tener en cuenta los cimientos éticos y legales sobre los que se construye esta revolución.

De esta forma, la regulación y responsabilidad se erigen como baluartes esenciales que garantizan la protección de los derechos fundamentales de los pacientes, cuidando especialmente su privacidad e intimidad, la calidad de los datos y la no discriminación. Así las cosas, a continuación, ofrecemos recomendaciones clave para abordar estos pilares con rigor y sensibilidad:

(i) En materia de privacidad y protección de datos:

a) Asegurar que los sistemas de inteligencia artificial cumplan con las regulaciones de privacidad y protección de datos vigentes, respetando el principio esencial de la obtención del consentimiento informado de los pacientes con carácter previo al tratamiento y uso de sus datos.

b) Orientar el diseño de los sistemas de inteligencia artificial hacia el respeto a los principios de protección de los derechos fundamentales de los ciudadanos y de su dignidad que inspiran la futura normativa europea en materia de inteligencia artificial.

c) Realizar estudios de impacto del uso de los datos personales en la privacidad de los sujetos fuente para tratar que sea mínimo.

d) Incorporar mecanismos robustos de seudonimización de los datos que garanticen la privacidad de estos a la vez que pueden ser utilizados para fines de investigación de nuevos medicamentos o tratamiento de enfermedades.

e) Desarrollar planes de contingencia en caso de filtración, robo, pérdida o reidentificación de los datos.

(ii) Por lo que se refiere a la calidad de los datos y la discriminación:

a) Implementar rigurosos procesos de control de calidad para garantizar que los datos utilizados por los sistemas de inteligencia artificial sean precisos, actualizados y relevantes.
b) En particular, requerir a los desarrolladores de sistemas de inteligencia artificial la inclusión de mecanismos de control, incluyendo la intervención humana, que garanticen la no presencia de sesgo de ningún tipo en sus soluciones.
c) En la misma línea, asegurar que los sistemas de inteligencia artificial sean diseñados con un enfoque inclusivo, utilizando datos representativos de diversas poblaciones para evitar sesgos y discriminación.
d) Realizar auditorías periódicas de los datos y algoritmos para detectar y corregir sesgos, errores o inconsistencias que puedan afectar la calidad de la atención médica.
e) Acelerar la interoperabilidad de sistemas, asegurando la privacidad y la calidad de los datos, para ampliar el tamaño de la muestra de información que vaya a ser procesada[4].

(iii) Finalmente, por lo que se refiere a la regulación y la supervisión:

a) Elaborar una normativa clara con enfoque basado en el riesgo necesario para fomentar la confianza en la inteligencia artificial y que permita equilibrar la po-

---

[4] En esta línea, España está trabajando ya en la creación de un *data lake* (repositorio único) de datos sanitarios.

tenciación del desarrollo y la innovación de los sistemas de inteligencia artificial con la protección de los derechos de los ciudadanos.

b) Introducir en la propia normativa guías de desarrollo de las herramientas de inteligencia artificial, de manera que quede explicitado cómo deben construirse para evitar sesgos o fallos del sistema.

c) En la misma línea, resulta necesaria la elaboración de documentos oficiales que, de manera clara y práctica proyecten el marco legal a la realidad más concreta a través de guías de actuación, documentos de resolución de dudas frecuentes, protocolos, modelos estandarizados de homologación, validación y asunción de responsabilidades concretas.

d) Fomentar la autorregulación del sector impulsando el diseño y la preparación de códigos de conducta internacionales que amparen las bases de datos, de manera que se facilite el compartir y acceder a la información que «alimente» este tipo de herramientas, optimizando los recursos y que a la vez sea garantista respecto a la protección de los derechos de los sujetos.

e) Promover que las organizaciones utilicen normas armonizadas y la autoevaluación de la conformidad de algunos de sus productos.

f) Considerar como de riesgo inaceptable o, en su caso, como de alto riesgo a aquellas aplicaciones de inteligencia artificial que cumplan con ciertos criterios, como la gravedad y la probabilidad de que ocurran ciertos daños graves a las personas como amenazas a la salud, la vida o los derechos fundamentales.

g) Aprobar un marco normativo que defina sin ambigüedades los límites de responsabilidad que tendrían los desarrolladores de sistemas de inteligencia para el ámbito sanitario, estableciendo, asimismo, mecanismos de traspaso de la responsabilidad a los profesionales sanitarios en casos donde deban ser estos profesionales quienes prevalezcan sobre los sistemas de inteligencia artificial, por el potencial daño que podría ocasionar a las personas un mal desempeño de estos últimos.

h) Trabajar de la mano con las autoridades reguladoras y supervisoras para desarrollar y actualizar la normativa a la misma velocidad a la que se producen los avances tecnológicos respetando, una vez más, el equilibrio entre la innovación y la protección de los derechos y el bienestar de los pacientes.

2.6. FORMACIÓN

La formación adecuada en inteligencia artificial dentro del ámbito sanitario no solo optimiza la eficacia de esta tecnología, sino que también salvaguarda los aspectos éticos y legales inherentes a su uso.

Así las cosas, en materia de formación nuestras recomendaciones serían las siguientes:

(i) Será necesario formar a los profesionales sanitarios en el campo de la inteligencia artificial, además de adaptar el contenido de especialidades médicas, incorporando, por ejemplo, en los grados de medicina o enfermería asignaturas sobre salud digital. Lo anterior deberá habilitar para entender las capacidades y limitaciones de la inteligencia artificial, así como cómo interpretar y aplicar eficazmente los datos y resultados que proporciona. En particular:

a) La formación debe enfatizar la importancia de obtener un consentimiento informado cuando se utiliza la inteligencia artificial en la atención al paciente. Los profesionales deben ser capaces de explicar cómo funciona la misma y cuáles son sus implicaciones, para que los pacientes puedan tomar decisiones informadas.

b) Resulta fundamental ofrecer capacitación en la gestión y protección de datos de pacientes. Esto supone comprender el marco legal y ético que rodea el uso de la inteligencia artificial (siendo especialmente importante la normativa sobre protección de datos) y cómo garantizar que la misma cumpla con estas regulaciones, especialmente cuando se trata de datos sensibles y de salud.

c) Los profesionales deben ser conscientes de cómo los sesgos pueden infiltrarse en los algoritmos y cómo esto puede afectar los resultados y decisiones de atención médica. De este modo, deben recibir formación sobre cómo identificar y mitigar estos sesgos para garantizar una atención equitativa.

d) La formación debe incluir cómo manejar y responder a errores o mal funcionamiento de la inteligencia artificial. Esto implicará entender cuándo y cómo intervenir, y cómo comunicar y abordar cualquier problema con los pacientes y otras partes involucradas.

(ii) De igual forma, resulta clave diseñar mecanismos de validación y de formación a los miembros de los comités de ética de la investigación y de ética asistencial en materia de inteligencia artificial para que puedan evaluar estos sistemas y herramientas de manera precisa y rigurosa.

(iii) Asimismo, se debe otorgar formación en las anteriores materias al resto de personal de las propias empresas o centros sanitarios.

(iv) Además, se deberán promover iniciativas de formación y capacitación a toda la población, especialmente la más vulnerable, sobre el uso de herramientas basadas en inteligencia artificial para el ámbito sanitario.

(v) Finalmente, en este contexto de formación, se deberá fomentar la colaboración entre expertos en inteligencia artificial, profesionales de la salud y juristas. En efecto, esta colaboración interdisciplinaria resultará fundamental para garantizar que la inteligencia artificial se desarrolle y se aplique de manera que respete los principios éticos y cumpla con las regulaciones legales.

BIBLIOGRAFÍA

AFP, «Hospitales europeos sufren ciberataque de *hackers* prorrusos por ayudar a Ucrania», *El Economista*, México, 1 de febrero de 2023. Puede consultarse en https://www.eleconomista.com.mx/tecnologia/Hospitales-europeos-sufren-ciberataque-de-hackers-prorrusos-por-ayudar-a-Ucrania-20230201-0042.html.

Asociación Española para la Digitalización, «Inteligencia Artificia Ética en Sanidad», *DigitalES*, febrero de 2022.

AVAST, *Ransomware en un hospital del Servicio Público de Salud del Reino Unido*. Puede consultarse en https://www.avast.com/es-us/business/resources/what-is-hospital-ransomware#mac.

Bilbao, L. y Lanza, R., «Los inicios de la Segunda Revolución Industrial», *Historia Económica*, Universidad Autónoma de Madrid, 2021. Puede consultarse en https://repositorio.uam.es/bitstream/handle/10486/11139/55646_HistoriaEconomicaCC.pdf.

Borrás, García, P., «La inteligencia artificial derrota al metaverso», *Cinco Días*, 15 de abril de 2023. Puede consultarse en https://cincodias.elpais.com/opinion/2023-04-15/la-inteligencia-artificial-derrota-al-metaverso.html.

Brynjolfsson, E. y McAfee, A., *The Second Machine Age: Work, Progress, and Prosperity in a Time of Brilliant Technologies*, W. W. Norton & Company, Nueva York, 2014.

Caballero Martínez, J., «Conceptualización y aproximación a las nuevas categorías jurídicas del panorama digital», *Disrupción tecnológica, transformación digital y sociedad, colección «Así habla el Externado», Derecho, innovación y Tecnología: Fundamentos para el mundo digital*, Tomo III, Colombia, 2021. Puede consultarse en https://www.uexternado.edu.co/wp-content/uploads/2021/04/Capitulo2Tomo3.pdf.

Chaves Palacio, J., «Desarrollo tecnológico en la Primera Revolución Industrial», *Revista de Historia*, 17, 2004.

Comín Comín, F., *Historia económica mundial. De los orígenes a la actualidad*, Alianza Editorial, 2012.

Comisión Europea, *Data Act*, última actualización de 28 de junio de 2023. Puede consultarse en https://digital-strategy.ec.europa.eu/en/policies/data-act.

— *Data Governance Act explained*, última actualización de 30 de agosto de 2022. Puede consultarse en https://digital-strategy.ec.europa.eu/en/policies/data-governance-act-explained.

— *Espacio Europeo de Datos Sanitarios (EEDS)*. Puede consultarse en https://health.ec.europa.eu/ehealth-digital-health-and-care/european-health-data-space_es.

— *Unión Europea de la Salud: Un espacio europeo de datos sanitarios para las personas y la ciencia*, 3 de mayo de 2022. Puede consultarse en https://ec.europa.eu/commission/presscorner/detail/es/ip_22_2711.

Cotino, L., «Big data e inteligencia artificial. Una aproximación a su tratamiento jurídico desde los derechos fundamentales», *Dilemata*, 2017, 24(9).

Cózar, C.R., «Telefónica crea el primer puesto directivo para el metaverso y pone al frente a Yaiza Rubio», *El Independiente*, 28 de febrero de 2022. Puede consultarse en https://www.elindependiente.com/economia/2022/02/28/telefonica-crea-el-primer-puesto-directivo-para-el-metaverso-y-pone-al-frente-a-yaiza-rubio/.

De la Quadra-Salcedo, T. (coord.), *Carta de Derechos Digitales*, Gobierno de España, Plan de Recuperación, Transformación y Resiliencia, 14 de julio de 2021. Puede consultarse en https://www.lamoncloa.gob.es/presidente/actividades/Documents/2021/140721-Carta_Derechos_Digitales_RedEs.pdf.

De Miguel Asensio, P. A., «Libro Blanco sobre Inteligencia Artificial: evolución del marco normativo y aplicación efectiva», *La Ley Unión Europea*, n.º 79, marzo de 2020.

Del Barrio Andrés, M., *Manual de Derecho* digital, Tirant lo Blanch, Valencia, 2.ª ed., 2022.

Desdelinux, *Cuarta Revolución Industrial: El papel del Software Libre en esta nueva era*, consultado el 13 de marzo de 2021 en https://blog.desdelinux.net/cuarta-revolucion-industrial-papel-software-libre-nueva-era/?utm_source=destacado-inside.

DIAMANDIS, P.H., «The 6 D'S», *Diamandis Blog*, 21 de noviembre de 2016. Puede consultarse en https://www.diamandis.com/blog/the-6ds.

ERARD, G., «Apple nunca habló de "VR" o "realidad mixta". Así es como quiere definir las Vision Pro», *Hipertextual*, 6 de junio de 2023.

ESTEBAN, A., ALEGRE, R. y IVANYTSKA, K., «El Consejo aprueba la Data Governance Act, dentro de la Estrategia europea de datos», *Cuatrecasas*, 20 de mayo de 2022. Puede consultarse en https://www.cuatrecasas.com/es/spain/propiedad-intelectual/art/ue-el-consejo-aprueba-la-data-go vernance-act-dentro-de-la-estrategia-europea-de-datos.

ESTER SÁNCHEZ, A. T., «El desafío de la Inteligencia Artificial a la vigencia de los derechos fundamentales», *Cuadernos Electrónicos de Filosofía del Derecho*, 48, 2023.

— «El desafío de la Inteligencia Artificial a la vigencia de los derechos fundamentales», *Cuadernos Electrónicos de Filosofía del Derecho*, 48, 2023.

FERNÁNDEZ HERNÁNDEZ, C., «Estructura y contenido del Reglamento (UE) 2022/868, de 30 de mayo, relativo a la gobernanza europea de datos o Reglamento de Gobernanza de Datos», *Diario La Ley*, n.º 62, Sección Ciberderecho, 7 de junio de 2022. Puede consultarse en https://diariolaley.laleynext.es/Content/DocumentoRelacionado.aspx?params=H4sIAAAAAAAEAC2NwWrDQAxEv6Z7KRQ7JXV70MVJb6WUxJRe5V1hL9irVNI68d9n20QwiEFPM7-ZZO3oYuA5aZ5jYHmk-SSk6HRNnNYZOsnkDHuF6qHxddHGobeM0549vDV_Ji7UYQ8bxxJI2hUqZ2w4HUjh5XXrdOTzJy5xQIucWpRbagwB3n-qMnVTN89bt5BoAeA7DpSM3BiH8aPIbrwSih-_cCAo3XkuDD-hni73S5vNyndv6fjvnZ_K3qPRDidK4d57BYv2Nh73AAAAWKE.

GAIL, M., «La futura regulación del Espacio Europeo de Datos Sanitarios, en el horizonte», *El Global*, 18 de mayo de 2023. Puede consultarse en https://elglobal.es/politica/la-futura-regulacion-del-espacio-europeo-de-datos-sanitarios-en-el-horizonte/

GAMERO CASADO, E., «El enfoque europeo de inteligencia artificial», *Revista de Derecho Administrativo*, CDA, 2021.

GARELLI, S., «Why you will probably live longer than most big companies», *IMD*, diciembre de 2016. Puede consultarse en https://www.imd.org/research-knowledge/articles/why-you-will-probably-live-longer-than-most-big-companies/#:~:text=A%20recent%20study%20by%20McKinsey,S%26P%20500%20will%20have%20disappeared.

GATES, B., «The Age of AI has begun», *GatesNotes*, 21 de marzo de 2023. Puede consultarse en https://www.gatesnotes.com/The-Age-of-AI-Has-Begun.

GAWDAT, M., «Este antiguo jefazo de Google no teme a la IA y sabe lo que es la felicidad», *El Mundo*, 28 de febrero de 2024. Puede consultarse en https://www.elmundo.es/papel/el-mundo-que-viene/2024/02/28/65d769dcfdddfffe618b4597.html.

GÓMEZ PÉREZ, M., «Cautivos en la red. El impacto del metaverso en el derecho de acceso a la información y la protección de datos personales», *IUS ET SCIENTIA*, vol. 7, n.º 2, 2021. Puede consultarse en https://revistascientificas.us.es/index.php/ies/article/view/19845.

GRAY M., «Value-based healthcare», *BMJ*, 2017; 356:j437. Puede consultarse en http://dx.doi.org/10.1136/bmj.j437.

HARARI, Y.N., *Homo Deus: breve historia del mañana*, Debate, 2016.

IBERDROLA, *Industria 4.0: ¿qué tecnologías marcarán la Cuarta Revolución Industrial?*, consultado el 12 de marzo de 2021 en https://www.iberdrola.com/innovacion/cuarta-revolucion-industrial.

IBM, *¿Qué es el procesamiento del lenguaje natural (NLP)?* Puede consultarse en https://www.ibm.com/es-es/topics/natural-language-processing

INCIBE, *Glosario de términos de ciberseguridad. Una guía de aproximación para el empresario*, 2021. Puede consultarse en https://www.incibe.es/sites/default/files/contenidos/guias/doc/guia_glosario_ciberseguridad_2021.pdf.

ÍNCIPY, *Transformación e Innovación Digital. Cómo innovar en nuevos modelos de negocio y en nuevas experiencias digitales de tus clientes*, 2015.

JONES DAY, *Guía del Reglamento General de Protección de Datos*. Puede consultarse en https://www.jonesday.com/files/Publication/cef94332-432c-4e35-8dbb-70f2512a2933/Presentation/PublicationAttachment/cfdc7229-4d3c-4344-961a-7136801e325d/GDPR%20Pocket%20Guide%20A4%20SPANISH%2004_17_17.pdf.

LA LEY, «Publicado el nuevo Reglamento europeo de gobernanza de datos», *El Consultor de los Ayuntamientos*, n.º 7, Sección Información / Reseñas Legislativas, julio 2022.

LARREA, N. y TENA, P., «Informe de ENISA sobre estándares de ciberseguridad en Inteligencia Artificial», *Cuatrecasas*, 17 de abril de 2023. Puede consultarse en https://www.cuatrecasas.com/es/spain/art/informe-de-enisa-sobre-estandares-de-ciberseguridad-en-inteligencia-artificial.

LEE, K-F., *AI Superpowers*, Harper Business, 2019.

LEE, P.; GOLDBERG, C. y KOHANE, I., *The AI Revolution in Medicine: GPT-4 and Beyond*, Pearson Education, Edición de Kindle, 2013.

MAYOL, J., «Value-based Surger», *Journal of Healthcare Quality Research*, 37, 2022. Puede consultarse en https://doi.org/10.1016/j.jhqr.2022.06.001.

McCloskey, D., «Review of The Cambridge Economic History of Modern Britain». *Times Higher Education Supplement*, 15 de enero de 2004.

Morgado, C. y Eguiluz, J. A., «Data Act: Nuevo proyecto normativo europeo sobre datos», *Cuatrecasas*, 25 de febrero de 2023. Puede consultarse en https://www.cuatrecasas.com/es/spain/propiedad-intelectual/art/eu-data-act-nuevo-proyecto-normativo-europeo-sobre-datos.

Mouzo, J., «Doctor ChatGPT: cara y cruz de la inteligencia artificial en la consulta», *El País*, 5 de junio de 2023. Puede consultarse en https://elpais.com/tecnologia/2023-06-05/doctor-chatgpt-cara-y-cruz-de-la-inteligencia-artificial-en-la-consulta.html.

Navarro, E., *Inteligencia artificial aplicada al derecho*, Apuntes del Certificado Profesional en Legal Tech en la Era Digital del MIT Professional Education en colaboración con ESADE, 2022.

Negro, A. y Pérez Marcilla, M., «La Comisión propone nuevas normas de responsabilidad en materia de inteligencia artificial», *Cuatrecasas*, 10 de octubre de 2022. Puede consultarse en https://www.cuatrecasas.com/es/spain/propiedad-intelectual/art/eu-la-comision-propone-nuevas-normas-de-responsabilidad-en-materia-de-inteligencia-artificial.

Nisa Ávila, J. A., «El Metaverso: conceptualización jurídica, retos legales y deficiencias normativas», *El Derecho*, 30 de noviembre de 2021. Puede consultarse en https://elderecho.com/el-metaverso-conceptualizacion-juridica-retos-legales-y-deficiencias-normativas.

Olier, E., *La guerra económica global*, Tirant lo Blanch, Valencia, 2018.

Orovio, I. y Saura, G., «El "phishing" sanitario se dispara un 198 %», *La Vanguardia*, 6 de julio de 2021. Puede consultarse en https://www.lavanguardia.com/vida/20210706/7580236/phishing-sanitario-dispara-198.html.

Pardo, I. e Ivanytska, K., «Propuesta de reglamento para la reutilización de los datos sanitarios», *Cuatrecasas*, 11 de julio de 2022. Puede consultarse en https://www.cuatrecasas.com/es/spain/art/eu-propuesta-de-reglamento-para-la-reutilizacion-de-los-datos-sanitarios.

Parker, G.; Van Alstyne, M. y Choudary, S. P., *Platform Revolution: How Networked Markets Are Transforming the Economy-And How to Make Them Work for You*, W. W. Norton & Company, Nueva York, 2016.

Pastor, J., «"La era de la IA ha comenzado": Bill Gates cree que estamos ante nuestra segunda gran revolución tecnológica», *Xataka*, 22 de marzo de 2023. Puede consultarse en https://www.xataka.com/robotica-e-ia/era-ia-ha-comenzado-bill-gates-cree-que-estamos-nuestra-segunda-gran-revolucion-tecnologica.

— «El Hospital Clínic de Barcelona está contra las cuerdas por un ataque de *ransomware*: de momento, ni negociación ni rescate», *Xataka*, 6 de marzo de 2023. Puede consultarse en https://www.xataka.com/seguridad/hospital-clinic-barcelona-esta-cuerdas-ataque-ransomware-negociacion-rescate-nada.

RIFKIN, J., *La Tercera Revolución Industrial: Cómo el poder lateral está transformando la energía, la economía y el mundo*, Paidós Estado y Sociedad, 2011.

RIVILLA-PIÑANGO, C. y TAMAYO-LÓPEZ, M. J., «La inteligencia artificial y la ética», *Revista Bioética y Ciencias de la Salud*, ISSN: 2659-3467, publicado en la edición de 2021, enero-junio; vol. 9 (1).

ROMEO, C. (coord.), «Inteligencia Artificial en Salud: Retos Éticos y Legales», *Observatorio de Tendencias en la Medicina del Futuro*, Fundación Instituto Roche, 2020.

SÁNCHEZ, A. y MORENO, A., «Data Act: La negociación del texto final a tres bandas», *Cuatrecasas*, 30 de mayo de 2023. Puede consultarse en https://www.cuatrecasas.com/es/spain/propiedad-intelectual/art/data-act-negociacion-texto-final-tres-bandas.

SÁNCHEZ, L., «Las claves de AESIA, el regulador sobre IA que tendrá un papel dinamizador de esta actividad, según los expertos», *Economist & Jurist*, 8 de septiembre de 2023. Puede consultarse en https://www.economistjurist.es/noticias-juridicas/las-claves-de-aesia-el-regulador-sobre-ia-que-tendra-un-papel-dinamizador-de-esta-actividad-segun-los-expertos/

SCHWAB, K., *La Cuarta Revolución Industrial*, Debate, 2016.

SERRANO ACITORES, A., *Economía digital y regulación europea: mercados y servicios digitales, criptoactivos, gobernanza de datos e IA*, Tecnos, Madrid, 2023.

— *Metaverso y Derecho*, Tecnos, Madrid, 2.ª ed., 2023.

SHAPIRO, J., «Introducción: La soberanía digital de Europa», en *La soberanía digital de Europa: de regulador a superpotencia en la era de la rivalidad entre EE.UU. y China*, Telefónica, julio de 2020.

TAPSCOTT, D., *The Digital Economy: Promise and Peril In The Age of Networked Intelligence*, McGraw-Hill, Nueva York, 1996.

TELEFÓNICA-MOVISTAR, *15 ideas para la transformación digital de tu negocio*, 2017.

TIDEY, A., «La UE cree que Estados Unidos es destino seguro para los datos personales europeos», *Euronews*, 10 de julio de 2023. Puede consultarse en https://es.euronews.com/my-europe/2023/07/10/bruselas-dictamina-que-eeuu-es-destino-seguro-para-los-datos-personales-de-la-ue-pero-los-.

VILLATORO GONZÁLEZ, T. y CAMBLOR ECHANOVE, G., «La propuesta de Reglamento europeo sobre inteligencia artificial para mitigar los riesgos de ChatGPT», *Cinco Días*, 16 de junio de 2023. Puede consultarse en https://cincodias.elpais.com/cincodias/2023/06/16/legal/1686914513_281912.html.

VIVANCOS, D., *Big Data. Hacia la inteligencia artificial*, The Valley Digital Business School, 2016.

ZORRAQUINO, A.; MATAS, A. y VILANOVA JOU, R. «El Reglamento de IA, cada vez más cerca: acuerdo preliminar del Consejo y el Parlamento Europeo», *Periscopio Fiscal y Legal de PWC*, 12 de diciembre de 2023.